世界の樹木をめぐる80の物語

AROUND THE
WORLD
IN
80 TREES
Jonathan Drori
Illustrated by Lucille Clerc

ジョナサン・ドローリ
ルシール・クレール 挿画
三枝小夜子 訳

柏書房

著者による謝辞

サラ・ゴールドスミスは、はじめて本を書く私にとって、いや、どんな作家にとっても、最高の編集者だ。打てば響くような人物で、陽気で、クオリティーへの妥協を許さず、見事な判断をし、聖人のように気配りをしてくれた。私はもともと樹木について調べたり文章を書いたりするのが好きだったが、彼女はこのプロジェクトを純粋な喜びに変えてくれた。ルシール・クレールの才能と忍耐には心から感謝しているし、正直なところ、畏敬の念すら抱いている。私は、彼女の魅力的な挿絵が自分の文章を大いに補足してくれたと感じているが、皆さんも同じように感じてくれるだろう。マスミ・ブリッゾとフェリシティー・オードリーも、本書を美しく、調和のとれたものにするために尽力してくれた。

キューガーデンのすばらしい図書館と文書館の有能なスタッフたち、特にアン・マーシャルには、数えきれないほどお世話になった。私のために時間を割き、原稿を読んでくれたキューガーデンの科学者である友人のジョー・オズボーン、スチュアート・ケーブル、ヨナス・ミュラー、マーク・ネスビット（経済植物学の大御所）、そしてエデン・プロジェクトのマイク・マウンダーには本当に感謝している。まだ間違いが残っていたとしたら、それらはすべて私自身のものだ。

私は、キューガーデン、ウッドランド・トラスト、世界自然保護基金（WWF）と密接にかかわる幸運に恵まれた。どの組織のスタッフもすばらしい仕事をしている。私は彼らをサポートしてきたが、彼らは皆さんからの支援に値する。

私がしたことのほとんどは、ほかの人々の仕事について報告することだった。科学者や歴史家は、何世紀にもわたって、それぞれの分野で丹念に観察し、収集し、整理し、研究を行い、人類の知識を一つ一つ積み上げてきた。彼らがいなかったら、本書が生まれることもなかっただろう。

妻のトレイシーと息子のジェイコブは、樹木にまつわるあらゆるクレイジーなことに夢中になる私のことをよく我慢し、そうした事柄に興味を示してくれさえした。はは！ 私の情熱は彼らに伝染した。両親の情熱が私に伝染したように。

Around the World in 80 Trees

© Text 2018 Jonathan Drori. Jonathan Drori has asserted his right under the Copyright,
Design and Patent Act 1988, to be identified as the Author of this Work.
Translation © 2019 Kashiwashobo Publishing Co., Ltd.
The original edition of this book was designed, produced and published in 2018 by
Laurence King Publishing Ltd., London.
Japanese translation rights arranged with LAURENCE KING PUBLISHING LTD.
through Japan UNI Agency, Inc., Tokyo

世界の樹木
をめぐる
80
の物語

目次

序文　8

ヨーロッパ北部

モミジバスズカケノキ | *Platanus × acerifolia* | **イングランド**　12
レイランドヒノキ | *Cupressus × leylandii* | **イングランド**　14
イチゴノキ | *Arbutus unedo* | **アイルランド**　17
セイヨウナナカマド | *Sorbus aucuparia* | **スコットランド**　18
オウシュウシラカバ | *Betula pendula* | **フィンランド**　20
ニレ | *Ulmus* spp. | **オランダ**　24
セイヨウシロヤナギ | *Salix alba* | **ベルギー**　28
セイヨウツゲ | *Buxus sempervirens* | **フランス**　33
セイヨウシナノキ | *Tilia × europaea* | **ドイツ**　34
ヨーロッパブナ | *Fagus sylvatica* | **ドイツ**　37
マロニエ（別名セイヨウトチノキ）| *Aesculus hippocastanum* | **ウクライナ**　38

ヨーロッパ南部・北アフリカ

コルクガシ | *Quercus suber* | **ポルトガル**　40
アルガンノキ | *Argania spinosa* | **モロッコ**　45
トキワガシ（別名セイヨウヒイラギガシ）| *Quercus ilex* | **スペイン**　48
ヨーロッパグリ | *Castanea sativa* | **コルシカ島（フランス）**　50
オウシュウトウヒ | *Picea abies* | **イタリア**　55
ヨーロッパハンノキ | *Alnus glutinosa* | **イタリア**　59
マルメロ | *Cydonia oblonga* | **クレタ島**　62
ゲッケイジュ | *Laurus nobilis* | **ギリシャ**　65

東地中海

イチジク | *Ficus carica* | **トルコ**　66
イタリアイトスギ | *Cupressus sempervirens* | **キプロス**　71
ナツメヤシ | *Phoenix dactylifera* | **エジプト**　72
レバノンスギ | *Cedrus libani* | **レバノン**　75
オリーブ | *Olea europaea* | **イスラエル**　78

アフリカ

カポック（別名パンヤノキ）| *Ceiba pentandra* | **シエラレオネ**　80
コラノキ | *Cola nitida* | **ガーナ**　85
アフリカバオバブ | *Adansonia digitata* | **ボツワナ**　86
モパネ | *Colophospermum mopane* | **ジンバブエ**　89
タビビトノキ | *Ravenala madagascariensis* | **マダガスカル**　92

ウィスリング・ソーン | *Vachellia drepanolobium*（または *Acacia drepanolobium*） | **ケニア**　95
ボスウェリア・サクラ | *Boswellia sacra* | **ソマリア**　98
ベニイロリュウケツジュ | *Dracaena cinnabari* | **ソコトラ島（イエメン）**　103
オオミヤシ（別名フタゴヤシ） | *Lodoicea maldivica* | **セーシェル**　104

中央アジア・南アジア
ザクロ | *Punica granatum* | **イラン**　107
マルス・シエウェルシイ | *Malus sieversii* | **カザフスタン**　108
ダウリアカラマツ | *Larix gmelinii* | シベリアカラマツ | *Larix sibirica* | **シベリア**　112
カシュー | *Anacardium occidentale* | **ゴア（インド）**　114
ベンガルボダイジュ（別名バンヤンジュ） | *Ficus benghalensis* | **インド**　117
ビンロウ | *Areca catechu* | **インド**　118
インドセンダン（別名ニーム） | *Azadirachta indica* | **インド**　120
インドボダイジュ | *Ficus religiosa* | **インド**　122

東アジア
トウザンショウ | *Zanthoxylum simulans* | **中国**　127
トウグワ | *Morus alba* | **中国東部**　128
ウルシ | *Toxicodendron vernicifluum* | **日本**　131
ソメイヨシノ | *Prunus × yedoensis* | **日本**　134

東南アジア
パラゴムノキ | *Hevea brasiliensis* | **タイ**　136
ドリアン | *Durio zibethinus* | **マレーシア**　140
ウパス | *Antiaris toxicaria* | **インドネシア**　142
グッタペルカ | *Palaquium gutta* | **ボルネオ島**　144

オセアニア
ジャラ | *Eucalyptus marginata* | **オーストラリア西部**　148
ウォレマイ・パイン（別名ジュラシック・ツリー） | *Wollemia nobilis* | **オーストラリア**　152
ブルー・クァンドン | *Elaeocarpus angustifolius* | **オーストラリア**　157
セーヴ・ブルー | *Pycnandra acuminata* | **ニューカレドニア**　158
カウリマツ | *Agathis australis* | **ニュージーランド**　160
カジノキ | *Broussonetia papyrifera* | **トンガ**　165
コア | *Acacia koa* | **ハワイ（アメリカ）**　166

南米
チリマツ | *Araucaria araucana* | **チリ**　170

ジャカランダ | *Jacaranda mimosifolia* | **アルゼンチン**　172
キナ | *Cinchona* spp. | **ペルー**　174
バルサ | *Ochroma pyramidale* | **エクアドル**　178
ブラジルナッツノキ | *Bertholletia excelsa* | **ボリビア**　181
ブラジルボク | *Paubrasilia echinata* | **ブラジル**　182

メキシコ・中米・カリブ海域諸島

アボカド | *Persea americana* | **メキシコ**　184
サポジラ（別名チクル、チューインガムノキ）| *Manilkara zapota* | **メキシコ**　189
スナバコノキ | *Hura crepitans* | **コスタリカ**　190
パンノキ | *Artocarpus altilis* | **ジャマイカ**　194
ユソウボク | *Guaiacum officinale* | **バハマ**　199

北米

コントルタマツ | *Pinus contorta* var. *latifolia* | **カナダ**　200
タンオーク | *Notholithocarpus densiflorus* | **アメリカ**　203
アメリカツガ | *Tsuga heterophylla* | **カナダ**　204
セコイア | *Sequoia sempervirens* | **カリフォルニア州（アメリカ）**　207
ホホバ | *Simmondsia chinensis* | **アメリカ**　208
アメリカヤマナラシ | *Populus tremuloides* | **ユタ州（アメリカ）**　211
クログルミ | *Juglans nigra* | **ミズーリ州（アメリカ）**　212
ヤウポン | *Ilex vomitoria* | **アメリカ**　215
ラクウショウ（別名ヌマスギ）| *Taxodium distichum* | **アメリカ**　216
アメリカヒルギ（別名レッドマングローブ）| *Rhizophora mangle* | **フロリダ州（アメリカ）**　218
ニワウルシ（別名シンジュ）| *Ailanthus altissima* | **ブルックリン（アメリカ）**　222
ストローブマツ | *Pinus strobus* | **アメリカ**　224
サトウカエデ | *Acer saccharum* | **カナダ**　227

次はどこへ　229

索引　236

序文

私はロンドンのキューガーデンの近くで育ちました。両親はエンジニアと言語療法士でしたが、二人とも植物が大好きで、私たち兄弟は両親を通して植物の美しさと植物学に目を開かされました。「昔はこの木から猛毒をとって使っていたんだよ」「チョコレートはこの木の実から作られるのよ」「この木から出る乳液は、世界中に張りめぐらされた通信用ケーブルの絶縁に使われていたんだよ」「この植物の花は受粉すると色が変わるのよ」。私たちは五官のすべてを使って植物に親しみました。なかでも楽しかったのは、ケシの乳液を舐めることでした。友達の両親にそのことを報告したときの顔を見るのが愉快だったからです。植物をめぐる物語のほとんど全部が、動物や人間を巻き込んだ、より大きな物語の一部になっていました。シロガスリソウ（ディフェンバキア）の小さなかけらを父から手渡されたときには、奴隷貿易の恐ろしさを知りました。これを噛むと、一時的に舌と喉が麻痺して喋れなくなるのです。アメリカでは、プランテーションで反抗的な口をきく労働者への懲罰に使われていたことから、「dumb cane（啞甘藷）」と呼ばれています。私は、樹木について改めて勉強することはありませんでしたが、キューガーデンの植物に触れてきたことで、植物や、植物と人間との関係に自然に興味を持つようになり、今日に至っています。木を見ていると、なんとなくわかってくるのです。

　大人になった私は、科学ドキュメンタリー番組の制作などに携わったあと、評議員としてキューガーデンに戻ってきました。ウッドランド・トラストとエデン・プロジェクトの評議員もつとめ、世界自然保護基金（WWF）アンバサダー委員会のメンバーでもあります。いずれも市民と自然界との関係をとりもつ組織です。私は周囲の人々から専門知識を吸収し、それを自分自身の経験と結びつけました。自分がTEDで行った数回のプレゼンテーションの閲覧回数が300万回になったとき、私は、複数の学問分野にまたがる植物の物語に人々が興味を持っていることに気づきました。それが本書を執筆したきっかけです〔訳注：現在TED（https://www.ted.com）には著者によるプレゼンテーションが4本投稿されていて、い

ずれも日本語訳がついている〕。

　いくつか但し書きがつくものの、広義の木とは、木質の茎を持つ背の高い植物です。自立していて、何年も生きることができます。どのくらいの高さがあれば木と呼べるかについては植物学者の間でも論争があるので、私は気にしないことにしています。本書に登場する木の中にも、ホホバのように、ふつうは低木でも、条件が合えばもっと高くなるものがあります。低木も立派な木です。

　現在、世界には6万種以上の木があることがわかっていますが、これらは驚くほど多様です。自分を食べようとする動物から逃げることができない木は、抑止力として不快な化学物質を作ります。木は自分に害をなす昆虫などを溺れさせ、毒を盛り、体の自由を奪い、カビや細菌を排除するために、ゴムや樹脂や乳液を分泌します。チューインガムもゴムも、古くから珍重されてきた乳香も、木の防御機構の産物です。湿地に適応したヨーロッパハンノキなどの木質部は、水中でも腐敗しません。ヴェネツィアの街は、そうした木材を土台にして建設されました。けれども木は人間の需要を満たすために進化してきたわけではありません。置かれた環境に合うように、自分の身を守り、次の世代が生き残り、生息地を広げられるように、長い時間をかけて適応してきただけです。最も適応したものが、多くの子孫を残し、生息地を広げることができるのです。

　木をめぐる物語の中で私が特に好きなのは、植物科学から人間の生活へと予想外の展開を見せるものです。例えば、アフリカ南部のモパネという木とある種のガとの関係は、数百万人に新たな食料をもたらしました。また、レイランドヒノキの交雑は、英国人と彼らのプライバシーに対する考え方についていろいろ考えさせることになる、植物学上まれに見る出来事でした。本書で取りあげる80の物語は、面白さと多様性を考えて選んだものですが、樹木と人間が繰り広げる無限の相互作用のごく一部にすぎません。

　私は今でも、植物や種子の採集のための遠征に撮影スタッフとして参加しています。本書では、ジュール・ヴェルヌの『八十日間世界一周』の主人公フィリアス・フォッグのように、ロンドンから東に向かって出発しました。木はだいたいその方向に沿って紹介し、地域ごとにまとめてあります。大地に根をはる木は生息地と分かちがたく結びついていて、風景と人々と木々の間には土地ごとに異なる関係ができています。セイヨウシナノキとヨーロッパブナは、私たち英国人の目にはありふれた木に見えますが、ドイツ人にとっては神話的な魅力を放つ木です。バオバブは、高温で乾燥したアフリカ南部で苦労して水を見つけ、幹に蓄えています。体力を消耗させる中東の太陽の下で、果汁を飛び散らせながらザクロの実をかじって喉を潤すときには、大声で笑いたくなるほどの喜びを感じます。生物多様性に富む北方針葉樹林帯を原産とするダウリアカラマツは、寒冷な気候に非常によく適応しています。高温多湿の熱帯雨林は、マレーシアのドリ

アンとコウモリとの関係など、植物と動物の間の複雑な関係を支えています。ユーカリなどオーストラリアの植物の多くは、草食動物から身を守るために樹脂や精油を分泌します。これに対して、草食性の哺乳類が生息していなかったハワイの樹木は、棘や不快な化学物質を作る必要がありませんでした。サトウカエデは、カナダの気候のもとでは秋になると色鮮やかな紅葉を見せますが、ヨーロッパの気候ではくすんだ色にしかなりません。

　木は、場所だけでなく、ほかの生物との間にも精妙な関係を持っています。木が授粉のために用いる巧妙なトリック、種子を散布してもらうために結ぶ協定、天敵の天敵を誘惑する方法など、そこには共通のテーマがあります。そこで、一部の木の物語では、同じテーマでつながっている別の木の物語へのジャンプを提案します。もちろん、ほかにも多くのつながりが考えられ、さまざまなルートで世界を一周することができます。そうした旅が、皆さんがこれから出会う木々について考えるきっかけになればと思います。

　生物の間の複雑な関係は、地球温暖化を深刻な脅威にする多くの要因の1つにもなります。例えば、特定の昆虫に花粉を媒介してもらっている木の花があるとしましょう。いつもより早い時期に木の花が咲いてしまい、昆虫がまだ現れていなかったら、木は繁殖できないかもしれません。昆虫が現れたときには、食べるものが何もないかもしれません。さらにその昆虫に、別の植物や動物が依存していたとしたら、どうなるでしょう?

　気候変動など起きていないとする主張についても触れておく必要があるでしょう。意地や誤解による気候科学への不信が、多くの木の生き残りを厳しいものにしています。気候変動を信じるかどうかは、政治や芸術と同じように、信念や意見の問題だと言う人もいます。けれども、気候変動を発見した科学的手法は、信念や意見とは無関係です。科学者は世界に関する仮説を立て、それを裏づけたり否定したりする証拠を探します。科学者が研究成果を論文にまとめて専門誌に投稿すると、まずはほかの科学者が研究の手法や論証や結論の導き方に問題がないかチェックし（このプロセスは査読と呼ばれます）、問題ないと確認されてから掲載されます。驚くような結論が出た場合には、ほかの科学者が実験や観察を再現して論文を書き、その論文も査読を受けて発表されます。慎重な検証には時間がかかり、同業者に恥をかかせることもありますが、それが科学を特別なものにしています。ですから、急激な気候変動が起きていて、人間の活動がすべての元凶ではないにしても、少なくとも問題を大幅に悪化させていると科学論文が言っているなら、私たちはその主張に耳を傾けなければなりません。科学は駆け引きや信念ではなく、疑問と証拠に基づいています。長く生きていれば、いろいろと発見があるものです。新しい知識に合わせて行動を適応させなければなりません。

木にはさまざまな点で価値があり、種類の多さはその１つにすぎません。私の最も古い記憶に、実家の近くにあった見事なレバノンスギの姿があります。その木はある冬の朝に命を失いました。私たちが気づいたときには辺りに幹と枝が飛び散っていて、残った部分をノコギリで解体しているところでした。木に雷が落ちたのです。そのときはじめて、父が声をあげて泣くのを見ました。数百年の歳月を生き抜いてきた美しいレバノンスギの巨木は無敵の存在のように見えましたが、そうではありませんでした。父はなんでもそつなくこなせる人だと思っていましたが、そうではなかったのです。母は、あの木は１つの世界だったと言っていましたが、当時の私にはその言葉の意味がわかっていませんでした。

　今の私は、母が正しかったことを知っています。あの木は１つの世界でした。それぞれの木が、１つの世界なのです。私たちは木について正しく理解しなければなりません。今、多くの木が保護を必要としています。

イングランド
モミジバスズカケノキ
（スズカケノキ科スズカケノキ属）

Platanus × acerifolia

　モミジバスズカケノキはカエデのような形の大きな葉を持つ威風堂々たる高木で、古きよき時代の大英帝国の象徴です。枝は幹の上のほうから出るので、巧みに設計された高層建築のように、大木になっても街路の視界を妨げることなく、涼しい木陰を作ります。ロンドンの立派な広場や大通りを引き立てるために街中にモミジバスズカケノキが植えられたのは19世紀のことでした。この木は、拡大しつづける大英帝国の首都の象徴として理想的でした。ロンドンを訪れた人々は、国会議事堂とバッキンガム宮殿を結ぶ並木道をゆく馬車行列を、畏敬と羨望の目で眺めました。街路樹は、「ここは強大な工業国の首都だ。わが国には100年先まで計画できる安定と自信があり、樹木でさえ朽ちることはない」という強烈なメッセージになっていました。じつに英国的です。

　そんなモミジバスズカケノキですが、生まれは英国ではなく、由緒正しい木でもありません。学名の真ん中に掛け算の記号（×）が入っているのは、交雑種であることを示しています。両親は、アメリカスズカケノキ（*Platanus occidentalis*）と、東南ヨーロッパから西南アジアにかけて分布するスズカケノキ（*Platanus orientalis*）です。おそらく17世紀末に、プラントハンターがヨーロッパに持ち込んだ2種の木が出会い、交雑したのでしょう。その場所については、英国だ、スペインだ、いやフランスだと論争になっています。

　隔離され、近親交配を繰り返してきた種や品種の間の交配から強健な子孫が生じることを「雑種強勢」と呼びます。モミジバスズカケノキは雑種強勢の好例で、過酷な都会暮らしをやすやすと受け入れています。

　モミジバスズカケノキが最もさかんに植えられていたのは産業革命期の19世紀で、木々はポンプや工場と一緒に大きくなりました。当時のロンドンの街の空気は蒸気機関から出る煤で汚染されていました。ここまで汚れた空気に耐えられる植物は少ないのですが、モミジバスズカケノキには汚れた空気の中で生き抜くための特別なしくみがあり、都会生活によく順応することができました。この木の樹皮は硬くてもろいため、その下の幹や枝の急激な成長についていけずに、赤ちゃんの手ほどの大きさの薄片となってポロポロと落ち、幹は愉快な迷彩柄になります。これが防御の要なのです。多くの木の樹皮には直径1～2㎜の「皮目」と呼ばれるガス交換用の小さな孔が開いていて、この孔に汚れが詰まると、木は病気になってしまいます。モミジバスズカケノキは、大気中の汚れを取り込んだ樹皮を脱ぎ落とすことで、都会に住む木々と人間の両方の健康を守ってい

るのです。

　今日、モミジバスズカケノキはロンドンの樹木の半数以上を占めています。いちばん見事な木はバークレー・スクエアにあります。先見の明ある地域住民により、1789年に植えられたものです。ほかにもたくさんの木がテムズ川の河岸を縁取り、広大な王立公園に植えられて、ロンドンの日傘としても肺としても役に立っています。昔はほぼロンドンにしかなかった木ですが、世界中の都市計画担当者がロンドンの街路樹を参考にしたため、今ではパリ、ローマ、ニューヨークなど、温帯の多くの都市で見られるようになりました。

　この立派な木も、常に威厳を保っていられるわけではありません。秋と冬には一対のポンポンのような丸い果実をぶら下げ、その特徴的なシルエットは子どもっぽいジョークのネタになります。果実は鳥の餌にもなり、崩してバラバラにすれば、友達の襟首に入れてくすぐったがらせるいたずらにも使えます。けれども、うだるような7月の午後、そびえ立つモミジバスズカケノキの輝かしい姿を見上げると、ロンドンが世界の中心だった時代のことが思い起こされます。

イングランド
レイランドヒノキ
（ヒノキ科イトスギ属）

Cupressus × leylandii

　レイランドヒノキについて語ろうとすると、英国人のプライバシーと、ガーデニングと、もちろん階級への執着についても語ることになります。19世紀に英国人のプラントハンターがアメリカのオレゴンから丈夫なイエローシダー（*Cupressus nootkatensis*）、を、カリフォルニアから成長は早いもののひ弱なモントレーイトスギ（*Cupressus macrocarpa*）を持ち帰ったとき、100年後に大騒動の原因になるとは想像もしていなかったでしょう。2つの針葉樹は近縁種ではなく、原産地は1,600kmも離れていたので、自然のままなら交雑する可能性はなかったのですが、ウェールズ中部の庭園ですぐ近くに植えられたことで、交雑してしまったのです。こうして誕生したモンスターは、庭園の所有者クリストファー・レイランドにちなんでレイランドヒノキと呼ばれています。

　スマートで、まっすぐで、海水のしぶきにも汚染にも強いレイランドヒノキは、おそろしく成長が速く、1年に1m以上伸び、35m以上の高さになることもあります。この木を並べて植えれば、みるみるうちに威圧感のある分厚い暗緑色の壁になります。1970年代後半にあちこちに園芸用品店ができ、繁殖技術の改良により、挿し木で確実に大量生産できるようになると、レイランドヒノキは誰にでも手の届く木になりました。騒動が始まったのもそのときからです。

　郊外の住宅地で庭付きの家に住む英国人は、隣人の生活を詮索しながら、自分の生活が覗き見されているのではないかと戦々恐々としています。地所のまわりの人工的な囲いの高さは、法律で2mまでと決められています。病的に人目を気にする郊外の住民は、法律に抵触せず、すぐにとんでもない高さになり、外からの視線を完全に遮る、生きた囲いを必要としていました。そんな需要を完璧に満たすレイランドヒノキは、市場に登場してわずか20年で、人目を避けて暮らしたい人々の最善の解決策になりました。1990年代初頭には、一般的な英国人が植える木の約半数がレイランドヒノキになっていました。

　けれども、即席のプライバシーは高くつきました。隣家のレイランドヒノキのせいで日陰になり、土壌が酸性化した庭では、ほとんどの植物が生き残れませんでした。低層階に住む人々は、永遠に続く黄昏と眺望の悪化に腹を立てました。それだけではありません。「まっとうな園芸愛好家」たちがこの木に不快感を示し、高級品志向の人々が新参者や成金向けの俗っぽい木と決めつけたことで、階級間の対立が浮き彫りになりました。

　1990年代末にはレイランドヒノキをめぐるいくつかの事件が世間の注目を集め

ました。マスコミは、生垣による日照不足をめぐる隣人同士の諍い(いさか)を好んで取り上げました。こうした諍いから1件の自殺と少なくとも2件の殺人事件が起こりました。ロンドン西部郊外の緑豊かなノース・イーリングから選出されたある政治家は、「レイランドヒノキは、プライバシーへの欲求というよりは憎悪にかられた人々のための、銃やナイフに並ぶ武器になっている」と語っています。

　この木については英国議会でも何度も議論されています。下院ではのべ22時間も厳粛な討論が行われました。上院では、ガードナー・オブ・パークス〔訳注：「公園の庭師」という意味〕というできすぎた爵位名を持つ女性議員が、この問題を提起しています。生垣をめぐる隣人間の諍いは、2005年までに1万7,000件以上報告されていますが、実数はもっと多いはずです。この年、英国の州自治区当局は、迷惑な生垣に対して反社会的行動禁止命令を適用できることになりました。この命令は、非行少年に公営住宅の敷地内での暴言を禁じたり、ピットブルテリア（これもまた攻撃的で問題の多い交雑種です）の飼い主に犬をリードにつながせたりする際にも適用されていますが、市民の生活を制限し、いわゆる労働者階級の問題と（しばしば不当に）関連づけられているとして物議をかもしています。

　2011年には英国のレイランドヒノキは5,500万本まで増えていて、おそらく今では人口〔訳注：2019年7月時点で約6,700万人〕を超えていると思われます。それでも、プライバシーと日照権との間には、いかにも英国的な妥協ができています。少なくとも今のところは。

アイルランド

イチゴノキ
（ツツジ科イチゴノキ属）

Arbutus unedo

イチゴノキは地中海西岸のほか、風に吹きさらされたアイルランド島南西部にも自生していますが、なぜかグレートブリテン島には自生していません。紀元前1万〜紀元前3000年の新石器時代の船乗りが、偶然または意図的に、イベリア半島に生えていたこの木をアイルランドに持ってきた可能性が高いとされています。この仮説は、ヨーロッパヒメトガリネズミとアイルランド人のDNA分析によって裏づけられます。アイルランドのネズミやアイルランド人の一部は、スペイン北部のネズミやスペイン人と共通の遺伝子を持っているのです。由来はどうあれ、ケリー州の野生のイチゴノキは異国情緒にあふれた華やかな木です。

イチゴノキはねじれた枝を持つこんもりした常緑樹で、高さは約12mになります。赤みがかった樹皮がきれいに剝がれて、緑色のつややかな葉と好対照をなしています。ピンク色の花柄の先には、クリーム色やバラ色を帯びたミニチュアの熱気球のような形の花が、20個以上まとまって咲きます。めずらしく秋に咲く、甘い香りのかわいらしい花は、私たちを大いに楽しませてくれます。花蜜が少ない時期に咲く花は、ミツバチにとっても貴重です。イチゴノキのハチミツには苦味がありますが、この木が多いイベリア半島では人気があります。

果実ができるのは受粉から5カ月後で、熟すときにはもう翌年の花が咲いています。これは非常にめずらしいことです。緋色の果実は、イチゴというよりレイシ（ライチ）に似ています。この木があまり栽培されない理由は果実にあります。熟した果実は黄金色で、いかにもおいしそうなのですが、いざ食べてみるとボソボソした食感で、強いて言えばモモやマンゴーに似た味がありますが、ほとんど無味なのです。「ウネド（*unedo*）」という種小名は、古代ローマの博物学者で著作家の大プリニウスの言葉「unum tantum edo（私は一度だけ食べた）」を縮めたものです。そんな果実ですが、熟しすぎて発酵してくると、ほのかなアルコールの香りをまとって、だいぶおいしくなります。おそらくポルトガルの農夫たちは、この香りを嗅いで野生のイチゴノキの果実を集めるようになり、強烈な蒸留酒アグアルデンテ・デ・メドローニョを作り出したのでしょう。

スペインの首都マドリード市の紋章には、クマが伸び上がってマドローニョの果実を食べようとする姿が描かれています。マドローニョはスペイン語でイチゴノキのことです。地元の人々は、マドリードもマドローニョも母を意味する「マードレ」が語源なのだと言っています。おそらく全然関係ない言葉をなんとかして関連づけようとするマドリードっ子たちの「母なる木」への愛情が感じられます。

スコットランド
セイヨウナナカマド
（バラ科ナナカマド属）

Sorbus aucuparia

　セイヨウナナカマドはとんでもなく丈夫な落葉低木で、中欧と北欧からシベリアにかけて広く分布しています。強風が吹きすさぶスコットランド高地もへいちゃらです。かわいらしいクリーム色の花には強い芳香があり、たっぷりの花蜜は受粉を媒介する昆虫をひきつけます。天気が悪くて昆虫があまり寄ってこないときには自家受粉をすることもできます。同系交配は遺伝的に不利ですが、子孫を全然残せないよりはましです。

　初秋には鮮やかな橙色や緋色の豆粒大の果実が20個以上ずつ固まって実り、ほっそりした枝は果実の重さで大きくたわみます（ちなみに、ナナカマドの果実はリンゴなどと同じく、花の子房以外の部分が肥大して果実になった「ナシ状果」です。よく見ると、果柄の反対側には花の残骸が星型五角形に残っています）。細かい専門用語など気にしない鳥たちは、鮮やかな色にひかれてやってきます。セイヨウナナカマドの果実は、昔は野鳥狩り用の餌として使われていました。この木の種小名は、野鳥狩りを意味する「アウクパツィオ（*aucupatio*）」というラテン語に由来しています。果実を食べた鳥たちは、あちこちで未消化の種子をちょっぴりの肥料と一緒に排泄します。

　種子が発芽するのは1、2年後です。岩の割れ目や険しい岩山で発芽することも、木のうろ穴の湿っぽい有機物の中で発芽することもあります。こうした「空飛ぶナナカマド」には強い魔力があり、呪術から守護してくれると信じられてきました。

　セイヨウナナカマドには別のタイプの守護力があり、これも昔は魔力のようなものと考えられていました。未熟な果実にはソルビン酸が含まれているのです。ソルビン酸は人体への影響はさほど大きくありませんが、カビや細菌の生育を防ぐ作用があります。今日の食品産業界では合成ソルビン酸とその誘導体が防腐剤として広く使われていて、カビや感染症から私たちを守ってくれています。

セイヨウナナカマドの果実には防腐剤が含まれています。ナツメヤシの種子も長期保存が可能で、2,000年前の種子が発芽したこともあります（72ページ）。

フィンランド
オウシュウシラカバ
（カバノキ科カバノキ属）
Betula pendula

　オウシュウシラカバは、動植物がいない地域にいち早く進出して定着する先駆植物です。尾状花序（びじょうかじょ）（長い花軸に柄のない花がびっしりついて尾のように垂れ下がるもの）からは、花粉が雲のように飛び散ります。大量にできる小さな種子には翼があり、風にのって遠くまで飛んでいきます。今から約1万2,000年前に最後の氷期が終わったときに、氷の下から顔を出した大地にいち早く芽を出したため、自生地は非常に広く、アイルランドから北欧とバルト諸国を横切り、ウラル山脈を越えて、シベリアまで及んでいます。シラカバの森は生物多様性に富んでいます。根は地中深くまで伸びて栄養分を吸い上げ、落ちた葉の栄養分が表土にリサイクルされます。樹冠の隙間が多いため、ほかの植物もたっぷり日にあたることができます。

　オウシュウシラカバの繊細な枝は垂れ下がり、わずかな風にもそよいで、バレリーナのように優美です。樹脂を分泌する腺点がある小枝の先には、薄緑色で縁がギザギザのひし形の葉がひらめいています。不思議な白い幹は適応の結果です。高緯度地方では夏は夜も明るく、冬は雪による強烈な照り返しがありますが、幹が白いおかげで、葉がまばらでも幹の温度が上がりすぎないのです。シラカバの若木の樹皮はすべすべしていますが、成熟すると、根元の方が黒く肥厚し、耐火性のあるコルク組織ができてきます。肥厚した樹皮を煮るとタールを抽出することができます。属名の「*Betula*」（ベトゥラ）の語源は、瀝青（れきせい）（天然のアスファルト、タール、ピッチのこと）を意味する英語「bitumen」（ビチューメン）の語源と同じです。シラカバの樹脂には抗菌作用があり、5,000年前のフィンランドの人々はチューインガムにしていました。当時の人々の歯型が残る樹脂も発見されています。

　民主的なフィンランド国民は、1988年にオウシュウシラカバを国樹にすることを国民投票によって決めました。彼らがこの木を選んだのは、パルプや木材として商品価値が高いからでも、よい薪になるからでもなく、単純に愛しているからです。雪に覆われたシラカバの森は、日中はくっきりしたモノクロ写真のようで、見る人の目を眩（くら）ませ、方向感覚を失わせます。北国の長い夜には、月明かりに照らされた幽霊のような木々は、得体の知れない力を秘めているように見えます。実際、北国の民話にはしばしばシラカバが登場し、多くの迷信や儀式も伝えられています。冬の終わりの新芽が萌え出る直前の樹液は、早春に楽しむトニックウォーターになります。南側の幹に小さな穴をあけ、管を差し込むだけで採取できます。樹液の見た目は水のようで、かすかに甘い水のような味ですが、

すばらしい健康増進効果があると言われています。たしかに重要なビタミンやミネラルが含まれていますが、謳(うた)われているほどの効果はなさそうです。

オウシュウシラカバは、その再生・浄化能力と魔除けの力により、何世紀にもわたり崇められてきました。今でもシラカバの若木をお守りとして戸口に置くフィンランド人もいます。シラカバの枝はタフリナ（*Taphrina*）という菌類に寄生されることがあり、異常に多くの細い枝が密生した「魔女の箒(ほうき)」ができることがあります。魔女の箒は、多くの文化圏で超自然的なものと結びつけられています。

シラカバのよきパートナーになる菌類もあります。木の根にはしばしば菌類が共生し、極細の繊維からなる巨大なネットワーク（菌根）を作っています。菌根は土壌中の栄養分を効率よく取り込んで木に補給し、その見返りとして糖を受け取ります。木は種類ごとに特定の菌類とパートナーになります。オウシュウシラカバのパートナーはベニテングタケ（*Amanita muscaria*）で、その子実体（地上に出ている部分）はいかにも毒キノコらしく、緋色の傘に白い疣(いぼ)が散りばめられています。ベニテングタケには幻覚作用のある物質が含まれているため、シベリアの部族やフィンランドやスウェーデンの北部に住むサーミ人のシャーマンの間では、幻覚体験を利用したさまざまな儀式が発達しました。ベニテングタケの向精神作用を持つ成分は、体内で完全には分解されずに尿中に排泄されるため、先にベニテングタケを摂取した人の尿を飲んで酩酊し、これにより社会的な絆を形成する風習が生まれたと言われています。たしかに北国の夜は非常に長く、森にはたいした娯楽もありません。けれども、シャーマンの尿を飲む行為は実際にはそれほど普及していなかったのではないでしょうか。この風習は広く知られていますが、現在語られている物語の元をたどると、少数の歴史上の旅行者の報告に行き着いてしまうのです。

世界一有名な樹液はサトウカエデの樹液です（227ページ）。

オランダ
ニレ
（ニレ属）
Ulmus spp.

　ニレ立ち枯れ病はオランダニレ病とも呼ばれていますが、病原菌が最初に特定されたのがオランダだったというだけで、もとは東アジアからきた病気のようです。オランダのハーグとアムステルダムでは世界一見事なニレが見られます。アムステルダムでは運河や街路に沿って7万5,000本以上のニレが植えられています。

　西欧のニレはどの種も美しく、互いによく似ています。樹高が30mに達することも珍しくなく、ほっそりしていながら威厳もあり、バランスの悪さをむしろ誇っているようです。数本の大枝が上向きに伸び、その先端には小枝が密生し、葉が雲のように群れている特徴的な樹形は、13〜17世紀の巨匠の絵画によく登場しました。ニレは落葉樹で、葉は枝から互いちがいに出ています。葉の縁は鋸の歯のようにギザギザしていて、一目でわかるほど非対称な形をしています。ニレは太陽の光が大好きで、鬱蒼とした森の中ではなく、ひらけた場所や生垣で見られます。都会の汚染によく耐え、腐りにくいため、中世には送水管の材料として利用されていました。

　ニレは歴史のいたずらに翻弄された木です。きっかけは、ローマ人がブドウの木を仕立てるための支柱として西欧にヨーロッパニレ（*Ulmus procera*）を持ち込んだことでした。ヨーロッパニレは小さなサンゴ色の花を密生して咲かせ、大量の種子を作ります。種子は翼果と呼ばれる薄い円盤の中心にあり、風にのって飛ぶことができますが、基本的に繁殖力がありません。そこで挿し木や根萌芽（根元付近から出る若枝）から木を増やしていったところ、遺伝的に同一のクローンばかりになり、同じ害虫と病気の被害をいっせいに受けるようになってしまったのです。

　ニレ立ち枯れ病が最初に流行したのは1920年代で、ほどなく終息しました。けれども1970年代にオフィストマ・ノボウルミ（*Ophiostoma novo-ulmi*）という毒性の強い真菌が引き起こした流行は環境災害となり、英国だけで2,500万本、ヨーロッパと北米では数億本のニレが枯死しました。風景からニレの古木が失われ、ニレの木に依存する昆虫や鳥たちも姿を消して、残ったのは、ニレを意味するelmやulmの文字が入った街路や都市の名前だけでした。

　ニレ立ち枯れ病は、病原菌の胞子を体につけた甲虫（キクイムシと総称されます）が樹皮の下にもぐり込み、孔道と呼ばれるトンネルを掘ることによって広められます。木は、菌類が持つ毒素だけでなく、木自身が菌類の広まりを阻止

するために水や栄養分を運ぶ経路を塞いでしまうことによってもダメージを受けます。初夏に広い範囲の葉が黄色くなり、茶色くなって、しおれていきます。巨木が1カ月で死んでしまうこともあります。樹皮の表面は正常に見えても、その下にはしばしば、恐ろしいけれども非常に美しい、放射状に伸びる孔道が見られます。

　キクイムシは太い木にしか棲みつきません。そのため、根萌芽によって生垣の若木を増やし、健康に育てることができても、数年して幹が太くなってくると、やはりキクイムシにやられてしまいます。現在、ニレの大木が残っている場所は、卓越風と樹木のない丘という自然の障壁によって隔離されたイングランド南東部の沿岸や、市民のたいへんな努力が実ったアムステルダムなど数カ所しかありません。オランダの人々は当初、合成の殺菌剤を試しましたが、効果が限定的だっただけでなく、生態系のほかの部分を害してしまいました。はるかに効果的だったのは、春がくるたびに健康なニレの木に別の種類の無害な菌類を植えつけ、木がもとから持っている防御機構を刺激することでした。アムステルダム市当局は、ほかにも徹底的な監視と衛生管理を行っています。市民は木の健康に気をつけていて、疑わしいものがあれば市に報告し、私有地の木についても検査が義務づけられています。汚染された木はただちに切り倒され、処分されます。おかげで年間の感染率は1,000本に1本まで低下しました。さらに、数十年にわたる地道な交配により、菌類に耐性のある栽培品種が10種類以上も作り出され、アムステルダムなどで大量に植えつけられています。

　外国から入ってくる菌類やその保因者への自然耐性を持たない木は、大きな被害を受ける可能性があります。国際的な取引とそれに関連した害虫や病気の移動をコントロールすることは難しいので、樹木の遺伝的多様性はできるだけ残さなければなりません。そうすれば、最悪の事態になっても、自然は（おそらく人間の力も借りて）有益な形質を生み出す遺伝子プールから新たな品種を生み出すことができるでしょう。

菌類は悪者ばかりではありません。アメリカツガは倒木を分解する菌類が放出する栄養分に依存しています（204ページ）。

ベルギー
セイヨウシロヤナギ
（ヤナギ科ヤナギ属）

Salix alba

　湿地でヤナギを増やすのは冗談のように簡単です。枝を切り、土に挿すだけです。根と根萌芽は大きく広がり、水を求めてまっしぐらに進んでいきます。この能力は、ときに大きな被害をもたらします。パイプや下水管からのわずかな水漏れを探し出し、中に侵入し、広がって、詰まらせてしまうのです。けれども川岸では、もつれて塊になったヤナギの根が水による浸食を防ぎ、野生生物に隠れ家を提供しています。

　ヨーロッパ全土には約450種のヤナギが自生しますが、共通点が多く、1つのグループとしてよくまとまっているため、異種交配はめずらしくありません。成熟したシロヤナギの樹高は30mにもなり、葉は優美に茂りますが、樹冠は一方に傾くことがあります。葉は細長く、最初のうちは裏も表もビロードのような手触りですが、成熟とともに表側の毛がなくなります。シロヤナギという呼び名は、遠くから見ると全体が銀灰色をしているからです。早春には、葉が出る前に印象的な尾状花序をつけます。毛虫に黄色い粉をふりかけたような尾状花序は、ミツバチにとってもフラワーアレンジメント愛好家にとっても非常に魅力的です。

　「ヤナギのような」という表現は、細くてしなやかなものについて使われます。ヤナギの枝は先史時代から、籠や、舟の肋材や、フェンスや、魚を捕るための罠を編むのに使われてきました。昔は、ヨーロッパの水路の土手には、細工用のヤナギを育てる畑が広がっていました。近年では、ヤナギの枝を動物などの形に編み上げたオーガニックアートや家具も人気です。摩訶不思議な作品群は、常に迷信とともにあったヤナギにふさわしいとも言えます。

　シダレヤナギ（*Salix babylonica*）は、英語では「weeping willow（ウィーピング・ウィロウ）（泣いているヤナギ）」と呼ばれます。この名前は、聖書の詩篇137篇「バビロンの川のほとりに座り、われらは泣いた。シオンを思って。われらの竪琴は、川のほとりのヤナギの木に掛けた」の誤訳がもとになっています。ここで歌われている木は、正しくはヤナギではなくコトカケヤナギというポプラなのですが、ヤナギの枝が垂れ下がる姿が悲しみを強く連想させたのでしょう。中世ヨーロッパ（の少なくとも俗謡の中）では、数世紀にわたって、ヤナギの枝で編んだ花輪や帽子を身につけて喪に服す習慣がありました。やがて、ヤナギが暗示する悲しみに求愛を拒絶する気持ちが含まれるようになり、「wearing the willow（ウェアリング・ザ・ウィロウ）（ヤナギをまとう）」と言えば、恋人を失った女性がほかの男性を拒絶することを意味するようになりました。ちなみに現代オランダ語で「ヤナギにタバコを吊るす」と言えば「禁煙

する」という意味になります。

　迷信はヤナギを悲しみと結びつけましたが、有益な化学はヤナギを鎮痛効果と結びつけました。古代エジプト人は発熱や頭痛の治療にヤナギを使っていましたし、紀元前400年頃にはヒポクラテスがリウマチ患者にヤナギの樹皮を処方していました。中世ヨーロッパでは、ヤナギの解熱作用を示す記録が多く残されました。歯痛の民間療法の1つに、ヤナギの樹皮を少し剝いで歯茎と歯の間に刺し、血まみれの破片を木に返すと痛みも持っていってくれるというものもありました。今では、ヤナギの樹皮に多く含まれるサリシンという物質が、体内で分解されて鎮痛解熱効果のあるサリチル酸になることがわかっています。ですからこの「まじない」は、破片を木に返すという後半部分がなくても効果があったのかもしれません。19世紀半ば、ついにサルチル酸が単離され、その後、年間1,000億錠も消費される鎮痛解熱薬が誕生しました。アスピリンです（アスピリンという名称は、サリチル酸を含むセイヨウナツユキソウが当時はシモツケ属〔*Spiraea*〕に分類されていたことに由来しています）。
スピラエア

　水と相性がよいヤナギは、オランダ、ベルギー、ルクセンブルクの低地三国で繁茂し、その代表的な田園風景になっています。ただ、農業用の人工的な風景の中では自然な成長は許されず、かなり刈り込まれています。樹高を低く抑えるために木の上部は毎年短く剪定され、大きなコブになった幹の先端から長い若枝がたくさん出るため、樹冠はまるで薮のようです（家畜に葉を食べられない程度の高さはあります）。刈り込まれたヤナギは、何世紀にもわたってこの地域の人々に枝を供給し、境界線の目印となり、レンブラントやファン・ゴッホの絵画に繰り返し描かれました。ベルギーの人々は、刈り込まれたヤナギは、堅実で、控えめで、しぶといベルギー人の象徴だと言います。

ヤナギは水辺で育ちますが、木は根から吸い上げた水を体の隅々まで行きわたらせなければなりません。木の高さの上限はどのくらいなのでしょうか？（207ページ）

29

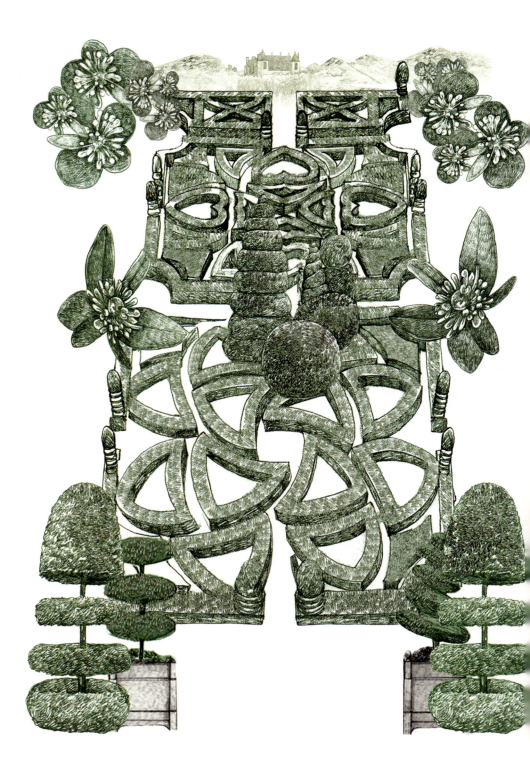

フランス
セイヨウツゲ
（ツゲ科ツゲ属）

Buxus sempervirens

小さな常緑の葉を茂らせ、頻繁な刈り込みや曲げにもよく耐えるセイヨウツゲは、トピアリーに最適な小さな木です。南欧の大西洋岸からコーカサス山脈の向こうにかけて自生していますが、今日では、フランス、ピレネー山脈のスペイン側、イングランド南部でよく見られます。こうした地域の郊外の造園家たちは、奇妙な形に仕立てたトピアリーを誇りにしています。整然とした庭園を好むフランス人は、アルビからヴェルサイユまで、あらゆる大聖堂や大規模な城の庭園を、ツゲの低い生垣と幾何学模様で飾ってきました。トピアリーの歴史は古く、ローマ帝国で「トピアリウス」と呼ばれていた庭園デザイナーが、ツゲを使ってミニチュアの装飾的な風景（トピア）やさまざまな動物を作ったことが始まりでした。

　セイヨウツゲの花にはこれといった特徴はありませんが、香りについては意見が分かれます。樹脂や田舎で過ごした幼年時代が鮮明に思い出されると言う人もいれば、猫のおしっこの匂いと言う人もいます。アリストテレスのものとされる著作『異聞集』では、ツゲの花のハチミツには濃厚な香りがあり、「健康な者を狂わせるが、てんかん患者をたちどころに癒す」とされています。今日では、この花のハチミツを警戒するべき理由が明確にわかっています。強い毒性のあるアルカロイドが何種類も含まれているのです。

　セイヨウツゲの成長は非常に遅く、ヨーロッパ産のものとしては最も重い材木になります。年輪が密に詰まっているため、緻密な黄色の木質部はムラがなく、きめ細かく、釘のような硬さです。こうした珍しい性質を合わせ持つツゲは、19世紀後半には、挿絵入りの本や新聞を印刷するための細かい彫刻をする木版に好んで利用されました。木版製作は当時の一大産業で、1870年代のヨーロッパには木版挿絵を専門とする会社が数百社もありました（ツゲを木版に使用する様子を描いた木版もありました）。そうなると、はるかペルシャからも材木を大量に輸入しなければならなくなり、備蓄は減っていきました。ツゲに代わる材料が何十種類も試されましたがうまくいかず、木版印刷はシリンダーオフセット印刷や銅板エッチングなどに取って代わられることになりました。

　セイヨウツゲは音楽とも深い関係があります。古代エジプト人はこの木で竪琴を作りました。性質が安定していて、正確にチューニングしたり穴をあけたりすることができるこの木は、数百年にわたってオーボエやリコーダーなどの木管楽器に使われています。

ドイツ

セイヨウシナノキ

（アオイ科シナノキ属）

Tilia × europaea

セイヨウシナノキは、北米では、樹皮から繊維をとって縄やむしろを編むための木ですが、ヨーロッパでは、郷愁をかき立てるロマンチックな木です。ドイツの村の中心にあるシナノキは、集いの場であり、コミュニティーの精神的な象徴でした。中世の裁判の判決はこの木の下で言い渡されました。ゲルマン神話の愛と春と豊穣の女神フレイアと関連づけられるシナノキの木陰は、騎士と乙女の逢引の場所でした。現代のドイツ人は、（実際には違っていても）シナノキの枝の下でファーストキスをしたときのことを懐かしく思い出します。マルセル・プルーストの小説『失われた時を求めて』では、語り手がシナノキのお茶にマドレーヌを浸したときに、幼年期の記憶がどっと蘇ってきます。

セイヨウシナノキは丈夫な木で、樹齢千年になるものもあります。樹高40mの大樹も珍しくなく、年を重ねると、どっしりした胴回りのゴツゴツした木になります。枝は速やかに分岐し、誘惑的なハート形の葉を茂らせます。薄黄色の花はリラックス効果のあるハーブティーの原料になります。ドイツ中部の諸都市では、シナノキは大通りの街路樹になっています。夏には甘い香りを漂わせ、濃い影を落とします。6月に並木の下に佇んでいると、その香りに酔ったようになります。シナノキのハチミツの色は薄く、味は濃厚です。香りは木のように爽やかで、かすかにミントや樟脳を思わせます。シナノキの花の蜜は、ミツバチにとって少々厄介です。マンノースという糖が含まれているため、過剰摂取により朦朧となってしまうのです。シナノキの下の地面には、しばしばミツバチが点々と落ちています。

セイヨウシナノキにはしばしばアブラムシが棲みつき、糖分を含む液体を排泄します。これはアリの大好物ですが、マイカー所有者にとっては悩みの種です。木陰に停めた自動車にこの液体が落ちると、たちまち都会の塵や有害物質に覆われてベタベタになるのです。ベルリンの有名な並木道「ウンター・デン・リンデン（シナノキの下という意味）」に停められたベンツやBMWなどの高級車も例外ではありません。秩序を好むドイツ人も、シナノキの魅力の前では、愛車がベタつくのは仕方がないと思っているようです。

ウィスリング・ソーン（95ページ）も、アリと深い関わり合いのある木です。

ドイツ

ヨーロッパブナ
（ブナ科ブナ属）

Fagus sylvatica

均整のとれた立ち姿のヨーロッパブナは、中欧から西欧にかけて多く見られます。葉の縁には特徴的な波打ちがあり、若葉は柔らかい毛に覆われています。木陰は薄暗く、耐陰性の低い植物は成長できないため、ブナの森には低木がなく、奇妙に静まり返っています。ブナの実は多くの動物を養い、食糧不足の年には人間もこれを食べました。属名の「*Fagus*」は、食べるという意味のギリシャ語に由来しています。

ヨーロッパブナの樹皮は古木でも滑らかです。同じブナ科でもコナラ属のオークは、幹が太くなるときに古い樹皮の下に新しい樹皮の層ができ、古い樹皮が深く裂けます。一方、ブナの樹皮は木が太くなった分だけ伸張し、いちばん外側の層の細かい破片をたえず剝落させて、滑らかな表面を保っています。

ドイツではブナは雷を寄せつけないと言われますが、これは科学的に説明できそうです。同じ高さの木は同じだけ落雷にあうのですが、ブナは傷つきにくいのです。滑らかな樹皮は雨に濡れやすいため、落雷の電流は木の表面を伝わり、内部を損傷しません。一方、オークやクリのようにゴツゴツして濡れにくい樹皮を持つ木では、電流は水分を多く含む中心部を流れ、爆発的に沸騰した水分が木を引き裂くのです。ブナは見晴らしのよい場所に単独で生えていることが少なく、雷に直撃されにくいことも関係があるかもしれません。

ブナの滑らかな樹皮は歴史的に書きものと深いかかわりがあります。ローマの詩人ウェルギリウスの『牧歌』にはブナの樹皮に詩を彫る場面があります。また、サクソン人やチュートン人は、ブナの木や樹皮の板にルーン文字を彫りました。初期の本は羊皮紙に書かれていましたが、表紙にはブナの板がよく使われました。やがて、多くの言語で、ブナの木を意味する言葉と文字を意味する言葉が結びつくようになりました。例えば、ドイツ語ではブナは「Buche」、本は「Buch」です。アルファベットは「Buchstaben」で、ブナの木の板に刻んだ印という意味です。中世ヨーロッパの書き物机はしばしばブナ材で作られました。グーテンベルクが活版印刷術を発明する前の印刷術では、ブナの樹皮から文字が削り出されました。今日のブナの木には、しばしばハートとキューピッドの矢が彫り込まれています。愛を告げたい、余白を埋めたいという2つの欲求を同時に満たすいたずらです。

ウクライナ
マロニエ
（別名セイヨウトチノキ、トチノキ科トチノキ属）
Aesculus hippocastanum

マロニエは、自生地のギリシャやバルカン半島中部ではめっきり少なくなりましたが、何百年も前から造園家や都市計画者に愛されてきたおかげで、世界中の温暖な気候の都市の公園や大通りで存分に見ることができます。

ウクライナの首都キエフでは19世紀初頭にマロニエを植えることが流行して以来、その熱は冷めることなく続いていて、観光用のパンフレットにはマロニエを楽しむならキエフが最高と書かれています。実際、マロニエはキエフじゅうにあります。幹と枝はがっしりしていて、樹形は典型的には釣鐘型です。早春に枝先に出るベタベタした芽は、5月には5枚か7枚の小葉が扇状になった葉になり、華麗な花のキャンドルが立ち上がり、木は巨大な枝付き燭台のようになります。花は観光客と送粉者を引き寄せます。ミツバチは木から木へと花粉を運び、その見返りにエネルギーになる蜜をもらいます。蜜を吸われた花は色を黄色からオレンジ色、深紅色へと変え、勤勉なミツバチにほかの花にいくように教えます。この魅力的な相利共生関係のおかげで、マロニエは授粉の必要がある花の蜜を作ることに専念でき、ミツバチは無駄足を踏まずにすむのです。

マロニエの果実は棘に覆われた蒴果で、熟して割れると、中から大きくツヤツヤした茶色い種子が顔を出します。マロニエの種子は英語で「conker」と言いますが、英国の子どもたちはこれを使って「コンカーズ」という遊びをします。コンカーに穴をあけて靴紐を通し、紐を振り回してぶつけ合い、相手のコンカーを割るのです。ゲームのポイントは、紐が絡まってしまったときの得点ルールをめぐる高度な交渉と、コンカーを割れにくくするためにこっそり焼いたり酢に漬けたりなどはしていないと真剣に主張するところにあります。

マロニエは幼年時代の楽しい遊びを思い出させてくれる一方で、否応なしにヨーロッパの暗黒の時代も振り返らせます。第二次世界大戦中、アンネ・フランクが隠れ住んでいたアムステルダムの屋根裏部屋の窓からはマロニエを見ることができました。彼女は日記に、冬に葉が落ちても春になれば再び緑になるのだと希望の言葉を書きました。残念ながら、彼女は裏切られ、生き延びることはできませんでした。けれども2010年にこのマロニエが枯れたとき、その種子から苗木が育てられ、希望のしるしとして、そして、相互に理解し多様性に敬意を表する社会への願いの象徴として、各地に配布されました。

ポルトガル
コルクガシ
（ブナ科コナラ属）

Quercus suber

コルクガシは成熟に時間がかかります。ねじれた枝が低い位置から密生する常緑樹で、樹齢250年の木も珍しくありません。ひらけた場所では、樹冠は非常に大きくなります。春になると、数珠つなぎになった黄色い花が、暗緑色の葉と美しいコントラストを見せてくれます。葉はセイヨウヒイラギのように縁に棘がありますが、柔らかく、しばしばビロードのような毛羽立ちがあります。

コルクガシは海辺の湿潤な冬と高温の夏を必要とします。これは、地中海西岸の丘の斜面の下のほうに典型的な気候です。ポルトガルの大西洋岸からイタリアにかけてとアルジェリアからチュニジアにかけては、合計約2万6,000kmのコルクガシの森があります。世界のコルクの半分以上がポルトガル産で、残りの大半はスペイン産です。

コルクガシの木にはこれといって特徴がないように見えますが、その厚い樹皮は別です。大プリニウスによると、当時のローマ人女性は、コルク底のサンダルの断熱性と軽さ、そして、背を高く見せてくれる点を気に入っていたそうです。実際、火事から木を守るために進化してきたコルクは耐熱性に非常に優れ、NASAのスペースシャトルの燃料タンクのシールドにも使われていました。とはいえ多くの人は、コルクと聞いたらワインを連想するでしょう。

コルクガシの樹皮はカビや細菌から木を守るために適応してきました。この樹皮は不浸透性で、空気さえ透過することができません。反応性もほとんどなく、これほど多くの物質と接触して変化せずにいられる未加工の天然の植物産物はほかにありません。水にも、ガソリンにも、油にも、そしてもちろんアルコールにも耐えられます。コルクの細胞は、弾性を保ったまま、極端な圧縮に耐えることができます。ボトルの首に押し込んで栓にするのに最適な性質です。おまけに、コルクを切るとミクロのくぼみが無数にでき、ガラスのボトルにコルクで栓をするときにこれらのくぼみが真空になるため、コルクが滑り落ちることがありません。コルク栓は古代ギリシャとエジプトのアンフォラ（両取っ手付きの大型の壷）にも使われていましたが、17世紀の有名なワイン醸造家の修道士ドン・ペリニョン（！）が、ワインとコルクの理想的なマリアージュを広めたと言われています。今日、英語では、ワインボトルの栓は素材にかかわらず「cork」と言います。

コルクガシの最大の特徴は樹皮の再生能力の高さです。樹齢が20年ほどになった頃に樹皮の最初の収穫が可能になり、その後は約10年ごとに収穫できます。晩春から初夏にかけ、約2.5mの高さまでの幹と大きな枝から、円筒を半

分に割った形の樹皮を剥ぎ取ることができます。作業には熟練を要します。斧は思いきって打ち下ろさないとコルクに歯が立たず、力を入れすぎると内樹皮を傷つけ、再生できなくなってしまいます。壮年期の木からは100kg以上のコルクがとれます。コルクは軽い物質なので、100kgといえばたいへんな量です。それからワインの栓を作るロマンチックな作業になります。樹皮を煮て、表面を削り、形を整え、高圧の蒸気の下で平らにし、精密な穴あけ機で大量のコルク栓を打ち抜き、世界各地のワイナリーに出荷するのです。樹皮を剥がされたばかりの金茶色の滑らかな幹は、数週間もすれば、暗赤色のざらついた幹になります。収穫後のコルクガシは、ズボンの裾をたくし上げ、日焼けした細い足をむき出しにして海辺をうろつく英国人のように、どこか滑稽です。

　コルクガシは、ポルトガル語で「montado」、スペイン語で「dehesa」と呼ばれる独特の持続可能な混合農業システムの一部です。モンタードでは、狩猟や採集のほかに、コルクを生産し、コルクガシのどんぐりでヒツジや七面鳥やブタを育てます。伝統的に管理されてきた多くの環境と同様、モンタードには、スペインオオヤマネコ、カタシロワシ、ナベコウ、モリバト、ツル、フィンチなどの多くの希少な絶滅危惧種や、その餌となる多くの小動物が生息しています。

　今、この調和のとれたシステムの存続が危ぶまれています。ワインを飲んでいると、トリクロロアニソールという物質のカビ臭い匂いがすることがあります。私たちの鼻はこの物質の匂いに非常に敏感で、ふつうの人でも、グラスのワインに10億分の1グラム含まれているだけで気がつきます。1980年代から90年代にかけて品質の悪いコルク栓によってワインが損なわれたという報告が相次ぐと、一部のワイン生産者は人工コルクを使うようになりました。今ではコルクの生化学的性質の理解が深まり、生産工程も慎重に管理され、コルクがワインを損なうことはほとんどなくなりましたが、多くの生産者がスクリューキャップやプラスチック製「コルク」を好むようになりました。これは由々しき事態です。モンタードの生態系が存続するためには、コルクの原料であるコルクガシに価値がなければならないからです。コルクの需要がなくなれば、この土地を別の用途に使おうとする経済的圧力に抗うことはできなくなります。ですからワインを飲む人は、コルク栓のワインを選び、ワインだけでなく、生物多様性を保護し、調和のとれた生き方を応援する楽しさも味わってください。乾杯！

タンオーク（203ページ）のどんぐりは、長年、動物だけでなく人間にとっても重要な食料でした。

モロッコ

アルガンノキ
（アカテツ科アルガニア属）

Argania spinosa

アルガンノキはモロッコ南西部とアルジェリアの一部で見られます。その深くはった根は乾燥地帯の土を固定し、サハラ砂漠に対する最後の砦になっています。典型的な半砂漠地帯の木で、葉は小さくて革のように硬く、枝はねじれ、成長は遅く、腹をすかせた草食動物から身を守るため、これでもかというほど棘が生えています。ですから、その枝に数匹のヤギが乗っているのを見ると（笑えてくるほどシュールなのはもちろんのこと）、驚かずにはいられません。ヤギが木になっている？　もちろん違います。敏捷なヤギたちは棘を回避する技を身につけたのです。彼らの目当ては葉ではなく果実です。

アルガンノキの果実は金色で卵形をしています。小さいスモモほどの大きさで、一端が細長いものもあります。厚くて非常に苦い果皮が、匂いは甘ったるいものの（少なくとも人間にとっては）強い渋味がある果肉を包んでいます。果実の中心には非常に硬い堅果があって、油分を多く含む1、2個の種子を守っています。その油はアルガンオイルと呼ばれて食品や化粧品に利用され、地域経済を担い、約300万人の生活を支えています。

果実は真夏に乾燥して黒くなり、地面に落ちます。油を抽出する作業は果実を拾い集めるところから始まりますが、果実を食べたヤギが排泄したり吐き出したりした種子も拾います。ヤギが食べたものはヤギ臭く、輸出市場で嫌われるため、ベルベル人の女性たちは果肉を手で剝き（剝いた果肉はもちろんヤギの餌です）、石で堅果を叩き割っていました。この牧歌的な作業は、急速に粉砕機に取って代わられています。取り出した種子はすりつぶしてペースト状にし、こねて油を絞り出します。食用のアルガンオイルはオリーブオイルと同じように使えるほか、すりつぶしたアーモンドと少量のハチミツを加えて「アムルー」というディップを作ることもできます。地元の人々は、皮膚病や軽い心臓病の治療にも使います。先進国では、健康によいサラダ油やヘアケア製品やしわ取りクリームの原料になる、おしゃれで高価な油とされています。

人間とヤギとアルガンノキの関係は複雑です。アルガンオイルの輸出によって人々の収入が増えることは、木にとっては必ずしもいいことではありません。ビジネスが好調になり、富が蓄積されると、この地域の伝統として人々はヤギを購入するからです。アルガンノキに登るヤギの数が多くなると、傍目には面白いのですが、果実では足りずに葉も食べるようになり、木へのダメージが大きくなってしまうのです。

スペイン
トキワガシ
（別名セイヨウヒイラギガシ、ブナ科コナラ属）

Quercus ilex

トキワガシの原産地は地中海北岸の国々で、なかでもスペインでは全域で見ることができます。威厳のあるどっしりした木で、枝には密に葉が茂り、黒灰色の樹皮は小さく不規則な形にひび割れています。英語で「holm oak」または「ilex」と呼ばれているのは、卵形の葉の形が、ラテン語で *ilex*、古英語で「holm」と呼ばれるセイヨウヒイラギの葉に似ているからです。棘があるのは若葉だけで、葉の表側は色が濃く、オークとしては珍しく常緑です。古い葉は新しい葉が出てきてから2年ほどで散ってゆきます。葉は乾燥した気候によく適応しています。その裏側は温かみのある灰色のフェルト状で、細い毛に覆われています。この面が、光を反射すると同時に、葉の近くの空気の層をとらえて水分の蒸発を減らすのに役立っているのです。

春になるとトキワガシから金色の尾状花序が無数に垂れ下がり、その半年後に堅果ができます。どんぐりです。ヤナギやカバノキのように小さな種子を作る木は、毎年ほぼ同じ数の種子を作って、風にのせて撒き散らします。これに対して、ブナやオークのようにどんぐりを作る木は、腹をすかせたリスからどんぐりを守るために、変わった戦略をとっています。どんぐりがほとんどならない年が続いたあと、ある年、近隣のすべての木がいっせいに大量のどんぐりをつけるのです。これが「なり年」です。トキワガシなどのどんぐりの木は、ときどきリスたちが食べきれない量のどんぐりを作ることで、残ったどんぐりを発芽させるのです。もし毎年同じ数のどんぐりを作っていたら、リスはそれに見合った数になり、発芽できるどんぐりはなくなってしまうでしょう。なり年はストレスが多いので、ほとんどの種類のオークが前年からどんぐりを作るための栄養分を蓄えています。一方トキワガシは、なり年に葉を多めに茂らせることで、どんぐりを大量に作るための栄養分を生産します。なり年の次のシーズンは、木は自分自身を回復させなければなりません。どんぐりの数は少なく、例年より多くの葉が落ち、年輪の幅は狭くなります。

イベリア半島では、トキワガシのどんぐりを特産の黒いブタに食べさせて、有名なハム「ハモン・イベリコ」を作っています。ブタは1日に6〜10kgのどんぐりを食べ、ドングリの殻斗（いわゆる「ぼうし」）やその他の消化できない部分を器用に捨てます。最近、スペインの科学者が、トキワガシのどんぐりから抽出した物質に、肉のパテを調理・冷凍・再加熱したときに風味を損なわないようにする効果があることを発見しました。

コルシカ島(フランス)
ヨーロッパグリ
(ブナ科クリ属)
Castanea sativa

　デンプンを豊富に含むおいしい実(厳密には種子)がなるヨーロッパグリは、アルバニアからイランにかけて自生し、2,000年以上前から地中海沿岸で栽培されています。栄養的には小麦に似ていて、これを挽いて粉にした栗粉は、ヨーロッパ全域、特に、フランスのセヴェンヌ地方やイタリアアルプスの麓や山がちなコルシカ島など、穀類を育てにくい山岳地帯で主食とされてきました。

　ヨーロッパグリは落葉樹で、自然の状態では樹高35mほどになります。樹高に対して驚くほど太くがっしりした幹は赤茶色の厚い樹皮に覆われ、樹皮にはしばしばらせん状に深い溝が刻まれます。葉は大きく、縁に深い切れ込みがある鋸歯状で、細い黄色の穂状花序に小さな花がびっしりつきます。ミツバチがこの花から集めたクリのハチミツには特徴的な苦味があり、万人受けする味ではありません。クリは秋に熟します。手袋をした手で、リスよけの棘のある薄緑色のいがを注意深く剝くと、つやつやした茶色い宝石が出てきます。食用に最適な品種はいがの中に実が1個だけ入っているもので、動物の餌にする品種では小さな実が2、3個入っています。コルシカ島とセヴェンヌ地方では、クリを炒ってカラメルをかけてから挽いて栗粉にしています。

　ヨーロッパグリの森は人間が作った風景で、多くの手間がかかっています。木は低く広がった形に剪定されていて、通常、丈夫な品種によい実をつける品種を接ぎ木してあります。おそらくコルシカ島だけで60の栽培品種があります。このような多様性は、害虫や病気や気候変動の影響を和らげるだけでなく、他家受粉させるためにも必要です。食用のクリを生産するためには、木を大切に世話し、接ぎ木をし、剪定し、地面をきれいに保ち、雑草が生えないようにしなければなりません。これは重労働ですが、それだけの価値があります。地方の村で生み出された品種は、地元の味として、アイデンティティとプライドの確立を助けています。

　コルシカ島は歴史的に繰り返し侵略を受け、島民はそのたびに新しい暮らし方を押しつけられてきました。中世にコルシカ島を支配した都市国家ジェノヴァは、半遊牧民的な暮らしをしていた人々を定住させ、牧畜の効率を上げ、そしてなによりも納税させるために、島民にヨーロッパグリを植えて育てることを義務づける法律を制定しました。コルシカ島の人々はヨーロッパグリを大切にし、既存の社会関係に合った「クリの森」という文化システムを作り上げました。土地

は共同体で所有し、ヒツジとブタはクリの木とともに村で管理しました。

　18世紀中頃、フランスがコルシカ島を支配するようになった時代には、クリの森はコルシカ島のアイデンティティの中核になっていました。クリの収穫量を高く維持するのにどれほど手間がかかるか知らないフランス人は、コルシカ島にクリの森があるから人々が怠け者になり、島の経済発展が遅れているのだと決めつけ、島民に穀物を作らせようとしました。けれども実際には、島民が作り上げたクリの森を中心とするシステムこそが、人口密度がヨーロッパ有数の高さだったコルシカ島を支えていたのです。コルシカ島の人々は再度、大地とともに生きるための包括的なシステムを作り上げました。イベリア半島でコルクガシの森を守ってきた人々と同様、クリと穀物、人間と動物を組み込んだシステムです。システムの構築には、社会的知識と長期計画が必要でした。クリは未来の世代のために実を結ぶのです。

　第一次世界大戦はコルシカ島から労働力を奪いました。島民が植えた木は、切り倒されて材木にされたり、カビによる病気になったりしました。今、「クリの森」は再び外部からの力に対する抵抗の象徴になっています。1980年から、「クリの森」とその中心となるクリの木で地域を支えようとする運動が高まりを見せています。

　ほんのり甘い栗粉は、今でもプレンタという平べったいパンを作るのに使われます。トウモロコシ粉のポレンタよりも素朴ですが、おいしいパンです。栗にはつなぎになるグルテンが含まれていないため、パンはパサパサしています。栗粉はピエトラビールにも使われます。おいしいお酒ですが、残念ながらクリの味はしません。また、クレーム・ド・マロン（クリのクリーム）はクレープとの相性が抜群です。

イチゴノキのハチミツも苦い味がします（17ページ）。

イタリア
オウシュウトウヒ
（マツ科トウヒ属）

Picea abies

オウシュウトウヒは北欧全域と中欧や南欧の山岳地帯に自生するピラミッド型の針葉樹です。うろこ状の灰色がかった茶色の樹皮を持ち、細長い球果をつけます。樹高は50mほどになり、樹齢20年以上になると下のほうの枝が垂れ下がってきます。幹は400年も生きることがありますが、垂れ下がってきた枝が地面に触れると、そこから根が出て新たな幹ができることがあります。自然の「取り木〔訳注：枝の一部を土で覆って発根させ、もとの植物から切り離して独立の個体として栽培する繁殖法〕」です。スウェーデンのダーラナ地方で発見された「オールド・ティッコ」と呼ばれるオウシュウトウヒは、幹の樹齢はせいぜい数百年ですが、地下に残る根系は炭素年代測定により樹齢9,500年と推定されました。

　クリスマスツリーを思い浮かべてください。それがオウシュウトウヒの形です。オスロ市は戦時中の支援に対する感謝として、クリスマスシーズンになると、ニューヨークとワシントンとロンドンの中央広場に飾るための木を毎年１本ずつ寄贈しています。オウシュウトウヒはクリスマスを彩るだけでなく、「トーンウッド（楽器用の材木）」として感動の瞬間を味わわせてくれます。世界で最も貴重な弦楽器の多くが、響板にこの木を使っているのです。

　私たちが聞いている音の正体は空気の振動です。１本の弦の振動が空気中を伝わる際には、わずかな体積の空気しか動かさないため、ほとんど聞こえません。弦楽器には、かき鳴らしたり弓で弾いたりした弦のエネルギーを伝え、より大きな空気の振動として私たちの耳に届ける響板が必要です。硬い素材は分子から分子へと振動を効率よく伝えられるため、最高の響板になります。弾性のある素材では、音波がそれを伝わる間にエネルギーが散逸してしまいます。響板は密度が高すぎてもいけません。密度が高すぎると多くのエネルギーが分子を動かすために使われてしまい、楽器の音が小さくなってしまうのです。ほかにも、木目の方向、細胞壁の大きさ、さらにはニスまで、楽器の音色や個性を左右する要因はたくさんあります。

　オウシュウトウヒはあまり重い木材ではないわりに並外れた硬さを持っています。この異例の特性ゆえに、厚さわずか２〜3mmの響板が、ほかのどんな板よりも一様かつ強く音を放射できるのです。とはいえ個体差はあります。気温の低い高地のやせた土壌で特にゆっくり成長した木材はいちだんと硬くなり、すばらしく響きのよいヴァイオリンになります。比類なき音色で聴衆を楽しませる最高

級のギター、ヴァイオリン、チェロのすべてに、高山でゆっくり育ったオウシュウトウヒの響板が使われています。

　ストラディバリやグァルネリなど17〜18世紀の弦楽器製作者は、最高級の楽器用の木材が欲しいときには、クレモナの工房から日帰りでいけるイタリアアルプスのオウシュウトウヒを使いました。この時代の弦楽器が特別なのは、15世紀頃から数世紀にわたって続いた「小氷期」に育った木が材料に使われたからです。小氷期には太陽活動が低下して異常に寒冷な気候になったため、ただでさえ成長が遅いイタリアアルプスのオウシュウトウヒがさらにゆっくり成長したのです。年輪の幅が異常に狭いこれらの木が、非常に硬くて均質なトーンウッドとして、ヴァイオリン製作の黄金時代を支えました。

　クレモナ周辺の森林が失われた今、楽器用の材木の多くはスイスから供給されています。家族経営の小さな会社の従業員が、できるだけ節がなく、ゆっくり育った「共鳴する木」を探します。木を切り倒す時期は、休眠状態になっている冬です。昔は新月の直前に切るものとされていました。切ることのできる木の本数は厳しく制限されています。切り倒され、長方形の板にされた木は、長い時間をかけて乾燥させます。乾燥期間は最低でも10年です。その頃には、ヴァイオリンの大きさの板を指の関節でコツコツ叩くとはっきり響き、それなりの価格になります。50年乾燥させるとさらによくなると言われています。

　小氷期が終わった現代に、そうした貴重な材料を再び作り出そうとする研究者たちは、木の硬さに影響を及ぼすことなくこれを軽くしようとして、切り倒したばかりのトウヒに特殊な菌類を植えつけ、細胞の非構造部分を腐朽させてみました。初期の実験からは有望そうな結果が出ていますが、現段階では、最高のトーンウッドを作る方法はストラディバリの時代から変わっていないようです。時間をかけて乾燥させることです。2世紀も3世紀も生きる木と、それ以上の歳月にわたり聴衆を喜ばせる楽器にとっては、数十年の乾燥時間などあっという間なのでしょう。

バルサ（178ページ）も軽さのわりに非常に硬い木です。

イタリア
ヨーロッパハンノキ
（カバノキ科ハンノキ属）
Alnus glutinosa

ヨーロッパハンノキは、一見、特徴がなさそうな木です。もちろん、紫色の芽や、だらりと垂れ下がる尾状花序は、花屋のお気に入りです。暗緑色の葉はラケット型で、先端は尖っておらず、逆にV字型の切れ込みがあります。種小名の「*glutinosa*（グルティノーサ）」は「ねばねばした」という意味ですが、これは、若い小枝がベタベタしていることに由来しています。そんな感じの地味な植物ですが、実は、見た目からはわからない大きな特徴を持っています。

ハンノキは水が大好きで、川の土手や水に漬かったような場所でよく育ちます。樹木としては珍しく、窒素固定細菌と共生関係にあります。細菌が木の根に侵入して作るこぶ状の根粒は、ときにリンゴほどの大きさになります。ハンノキが水浸しのやせた土地に進出し、繁茂することができるのは、細菌が木から糖をもらう代わりに肥料を作っているからです。

建材としてのハンノキは、水と特別な関係にあります。12世紀、多くの小さな島々からなるヴェネツィアの住民たちが湿地に建てた家を安定させ、広げようとしたときに、水門に大量のハンノキ材が使われていることに目をとめました。ハンノキ材は、濡れた状態で空気に触れているとたちまち腐ってしまいますが、完全に水没していれば腐らず、何百年間も大きな圧縮荷重に耐えることができます。細胞壁に含まれる化学物質が、腐敗を引き起こす細菌の広がりを食い止めるからです。ハンノキ材の基礎杭で巨大建築を支えられることに気づいたヴェネツィアの人々は、大胆にも干潟に夢の都市を築き上げました。

ヴェネツィアの技術者たちは、計画的に小さな範囲を壁で仕切って排水することにより、1m^{2}あたり約9本の杭を打ち込みました。杭の下部は泥の下の底土に届き、上部は最低の潮位よりも低くなっています。次に、杭の周囲や間に砕いたれんがや石を敷き詰め、その上にカラマツの厚板をのせて、さらにその上に積まれる石の重みを分散させます。最大の建築物の基礎にはもっと太いオークの杭が必要でしたが、リアルト橋や多くの巨大な鐘楼を始めとするヴェネツィアの建築物のほとんどが、文字どおりハンノキの森の上に築かれました。

ハンノキはこうしてヴェネツィアの権勢を誇示する華麗な建築の基礎となったのですが、そもそもハンノキがなかったら、この都市国家が軍事超大国になることはなかったかもしれません。ハンノキからは最高級の炭ができますが、この炭は粉末化しやすく、並外れて硬く、戦略的重要性が非常に高いのです。ハンノキ炭を原料にした火薬を使うと、弾丸をより遠くまで、より高速に発射することが

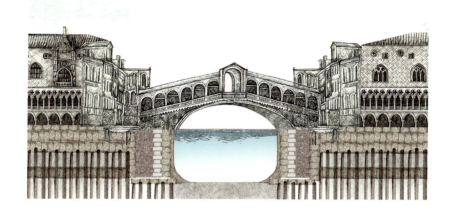

できた、爆発力の強い手榴弾や発破を作ることができました。今日でも、最高品質の火薬にはハンノキの炭が使われています。

　道具や船舶の部品を作るのに欠かせない鉄を製錬するのにも、炭が生み出す高温が必要でした。14世紀末には、ヴェネツィアの鋳造所地帯にはハンノキ炭を燃料とする世界最高効率の製錬所がいくつもありました（ちなみにこの地域は「getto」と呼ばれていて、のちにユダヤ人居住区になったため、やがてユダヤ人居住区全般が「ghetto」と呼ばれるようになりました）。ヴェネツィアの造船所は世界最大の工場になっていました。生産ラインでは１万6,000人の労働者が働き、１日１隻という驚異的なペースでフル装備の外洋船を建造していました。商業と軍事力に支えられた中世ヴェネツィアは、今日のロマンチックなテーマパークのような都市とはかけ離れたところだったのです。

　ヴェネツィアはあらゆる種類の木材を欲しがりました。ハンノキはもちろん、最大の杭と船にするためのオークや、櫂にするためのブナのほか、調理や暖房に使う膨大な量の安価な木材を確保するためには、木材の供給を厳格に管理しなければなりません。本土の広大な森林が国の利用のために確保され、16世紀中頃には大勢の調査官や地図製作者や森林保護官がいて、特に貴重な木には焼印まで押していました。きこりや木挽や、干潟の水路を通って市場まで木材を運ぶいかだ乗りのギルドの仕事は厳しく監視されていました。

　それぞれの木材に役割がありましたが、商船や軍艦の装備を鍛造する炎を生み出し、大砲の火薬の原料になったのはハンノキの炭でした。船を建造する職人の住居を支えたのもハンノキの杭でした。それから約700年が経過した今でも、ハンノキの杭は「海に浮かぶ街」の壮麗な建物と観光客を支えています。

クレタ島
マルメロ
（バラ科マルメロ属）
Cydonia oblonga

マルメロは小さなねじくれた木です。原産地は、夏が暑く、冬の寒さが非常に厳しいコーカサス山脈とイランです。毎年、最高気温が7℃未満の日が2週間以上ある土地でないと、よく花が咲きません。果実はナシ状果で、遠縁の親戚であるリンゴやセイヨウナシの果実よりも大きく、ゴツゴツしています。灰色の綿毛に包まれた黄色い果実は渋くて硬く、生食には向きません。

マルメロの木が最も多い国はトルコで、世界の生産量の4分の1を占めていますが、学名のもとになったのは、エーゲ海の対岸に位置するクレタ島のシドニア（Cydonia）という都市です。英国では、マルメロと聞くと中世の馬上槍試合やシラバブ〔訳注：生クリームに砂糖とワインと果物を加えて泡立てたデザート〕が連想されますが、生で食べられる甘い果物が19世紀に普及するまでは、どの家の台所にもマルメロの実がありました。地中海南岸では、マルメロは古典時代からずっと料理や文化や風景の中にあり、今でも甘い料理や塩気のきいた料理に使われています。

マルメロは愛の糧でもあります。ギリシャ神話でパリスがアフロディーテに与えたという「黄金のリンゴ」はマルメロの実をさしています。紀元前600年頃のアテネでは、婚礼の夜に新婦にマルメロの実を食べさせると、気が利いて口臭や声がよい妻になると信じられていました。マルメロの実はローマ人の寝室で芳香を放ち、ルネッサンス美術では、情熱、忠誠、豊穣の象徴になりました。今日のギリシャでも、伝統的なウェディングケーキにはマルメロの実が使われています。マルメロの実が媚薬になるという俗説は、室内に置くとクラクラするほどの芳香があることから生まれたのかもしれません。白っぽい果肉を十分に加熱すると鮮やかなルビー色に変わることも、そのイメージに一役買ったことでしょう。

今日の多くの作物と同様、マルメロは同系交配によるリスクにさらされています。1,000年以上にわたり、農夫は大きくておいしい果実をつける個体を選んで交配させてきました。けれども、互いにどんどん似通っていく集団の中で交配を繰り返していった結果、遺伝的多様性が失われ、温暖化した冬に適応したり、進化してゆく害虫や病気から身を守る能力が損なわれたりするおそれが出てきました。現在栽培されているマルメロの祖先にあたるコーカサス山脈などのマルメロは、将来の交配に必要になる遺伝的多様性を保っているので、保護していかなければなりません。

ギリシャ
ゲッケイジュ
（クスノキ科ゲッケイジュ属）
Laurus nobilis

　ゲッケイジュは地中海西岸原産の常緑樹で、枝を刈り込んで中庭の装飾に仕立てたり、料理用の葉をとるための藪にしたりしますが、放っておけば高さ15mの堂々たる木に育ちます。雌株には、短い柄を持つ小さな黄色い花が群がって咲き、その後、ツヤツヤした黒い実がなります。実の中には種子が1個ずつ入っています。光沢のある深緑色をしたボート型の葉は、硬く、乾いた手触りで、特殊な腺に芳香のある油を蓄えています。葉はピクルスやスパイスをきかせた料理に使われます。くし形のレモンにこの葉を添えて焼き、魚に絞りかけるのです。南欧では、葉よりも刺激の強い実をすり下ろして使います。

　ゲッケイジュはギリシャ神話では神聖な木とされています。美しいニンフの乙女ダフネは、アポロンからの求愛を拒み、走って逃げながら「自分の純潔を守ってください」と父親である川の神に祈ります。その願いを聞き届けた神は、アポロンに捕まりそうになったダフネを1本のゲッケイジュに変えました。このことを残念に思ったアポロンは、ゲッケイジュを自分の木とし、その枝で冠を作ってかぶったのです。アポロンが月桂冠を戴いた姿で描かれるのは、そのためです。ゲッケイジュは清めと関連づけられ、ギリシャの将軍は戦いから戻るときに、血の穢れを清めるためにゲッケイジュを身に着けていました。やがて、ギリシャ人やローマ人が戴く月桂冠は、勝利や名誉と結び付けられるようになりました。

　ゲッケイジュは現代ギリシャ語でも「ダフニ（*dáfni*）」と呼ばれています。英語で「ローレル（laurel）」と呼ばれるのは、月桂冠のことをラテン語で「バッカ・ラウリ（*bacca lauri*、ゲッケイジュの実」と呼ぶからです。「学士号」を意味する英語の「baccalaureate」や「bachelor」も、ここからきています。ノーベル賞の受賞者や桂冠詩人は「laureate」ですし、イタリアの学生は卒業式の日に月桂冠をかぶりますが、彼らがそこで満足して立ち止まることはありません。

ナナカマドと同様、ゲッケイジュの種子は鳥によって運ばれます（18ページ参照）。

トルコ
イチジク
（クワ科イチジク属）

Ficus carica

イチジクは砂漠の果樹園の果実です。土中に深く根を下ろして水を探し出す能力は有名で、いつの間にか壁の裂け目に入って芽を出していたりします。藪になることも、樹高12mほどに育つこともあります。灰色の樹皮は滑らかです。冬は葉を落とし、木陰が欲しくなる晩春に大きな葉が出てきます。

　イチジクの葉は深く裂けていて、画家がどんなに頑張っても、アダムとイブの裸体を完全に隠すことはできません。イチジクを4,000年以上栽培してきた中近東には、イチジクとその豊穣性に関する物語が多く残っています。イチジクについて語ろうとすると、おのずと性について語ることになります。

　イチジクの葉の付け根にできる果実のようなものは「花囊（かのう）」と呼ばれ、多肉質の袋状になっています。袋の内側には小さな花がびっしりと並び、このような花のつき方は「イチジク状花序」と呼ばれます。英語では「syconium（サイコニアム）」と言い、語源はイチジクを意味するギリシャ語「*sykon*（シコン）」です。「sycophant（シコファント）（おべっか使い）」という英語の語源も同じで、もともとは、輸出が禁止されていたイチジクを違法に横流しする人々を当局に密告する人をさしていたようです。イチジクの花には雌花と雄花があります。果樹としてのイチジクは1種しかありませんが、花と実のつき方により、カプリ系、スミルナ系、普通系などの種類があります。私たちが食べるスミルナ系には雌花だけが咲き、汁気のある実がなります。これに対してカプリ系には雄花と雌花が咲き、乾燥した実がなりますが、これを食べるのはヤギぐらいです。カプリ系と呼ばれるのは、ヤギのことをラテン語で「*caper*（カペル）」と呼ぶからです。ややこしいことに、スミルナ系のイチジクが実るためには、カプリ系の花囊の中にある花粉と、スミルナ系の花囊の中にあるめしべが出会う必要があります。

　たいていの木に咲く花は、風の媒介によって受粉するか、派手な姿や甘い蜜で送粉者を引きつけて、めしべに直接花粉を運んでもらいます。けれどもイチジク属の植物は、特定の種のハチと共生することで受粉を助けてもらいます。スミルナ系に授粉するのはイチジクコバチ科（Blastophaga）のメスのコバチで、毒針はもたず、体長はわずか数mmです。授粉の方法は奇怪としか言いようがありません。ハチはカプリ系のイチジクの雄花の中で孵化します。オスはメスが孵化する前にこれと交尾し、花囊に出口となる穴を開けると、力尽きて死んでしまいます。この段階で雄花は花粉を作ります。メスはしばらく花囊の中で過ごしたあと、オスがあけていった穴から脱出しますが、その過程で花粉まみれになりま

　す。外に出たメスは、匂いを頼りに別のイチジクを探しにいきます。イチジクを見つけたら、花嚢のヘソにある小さな穴から中に入り、その際、羽根と触角を失います。カプリ系のイチジクに入ったハチは、花に卵を産みつけることができ、それが孵化して同じサイクルが繰り返されます。一方、スミルナ系に入ったハチは騙されたことになります。花嚢の中で花から花へと移動し、花粉をつけていきますが、体の構造上、スミルナ系の雌花には卵を産みつけられないのです。花粉をつけられた花は受粉し、多数の小さな種子ができますが（受粉により花嚢は肥大し、果嚢になります）、産卵できなかったハチは果嚢の中で死に、その死骸はイチジクが分泌する酵素によって消化されます。果嚢は膨らみ、甘くなり、その種子を散布するコウモリや鳥や人間を引き寄せます。イチジクの実には緩下作用があるため、実生はたっぷりの栄養で育つことができます。

　一部のイチジクは品種改良により、受粉せずに実がなる単為結実が可能になっています〔訳注：イチジクコバチがいない日本で栽培されているのは、普通系と呼ばれるこのタイプ〕。けれども、イチジクの最大の生産国であるトルコでは、歴史的に最も人気があり、最もおいしいとされているのはスミルナ系です（ちなみにスミルナはトルコのイズミル市の旧称です）。スミルナ系や、これに由来するカリフォルニアのカリミルナ系などは、ハチによる受粉を売りにしています。けれども、アメリカでスミルナ系を育てようとする試みは、最初はうまくいきませんでした。果樹園にカプリ系のイチジクの枝をぶら下げる中近東の農夫たちの伝統を、根拠のない迷信として無視していたからです。実際にはこれこそが、ハチを性的な媒介者にするための、詳細な観察にもとづく工夫だったのです。

キブロス
イタリアイトスギ
（ヒノキ科イトスギ属）

Cupressus sempervirens

イタリアイトスギには2つの全く異なる品種があります。おおもとのホリゾンタリス（*horizontalis*）という品種は聖書にも登場し、原産地の地中海東岸と近東では、今でも野生の古木が見られます。樹高30〜50mにもなる重々しい木で、ねじれた枝が横に大きく広がります。一方、ストリクタ（*stricta*）という品種の枝はほぼ真上に伸び、細長い円錐状の樹形になります。人間が挿し木をしないと繁殖できず、ローマ時代に観賞用に作られた栽培品種だろうと考えられています。地中海沿岸全域で見られ、フランス南部とイタリアのトスカナ地方の風景を見分けるヒントになります。フィレンツェのボーボリ庭園での公式行事の際には、300mの並木道に整列するイトスギが歩哨のように見えます。

乾燥して日差しが強い気候への適応の結果、暗緑色の小さな葉はうろこ状に重なって整列します。花は風媒花で、同じ木に雄花と雌花が咲きます。枝先に茶色とクリーム色の縞模様の雄花が咲く様子はミツバチの群れのようです。雌花が受精すると、鱗片が球形に重なった球果ができ、徐々に銀色がかった灰色になります。クルミ大の球果は晩秋に熟し、鱗片が開いて種子を放出しますが、一部の球果は閉じたまま木に残ります。火災が起きたときに種子を守り、周囲の温度が下がってから開いて、次世代の種子を放出するためです。

樹液を滴らせるイトスギは、エジプトでは棺や防虫効果のある収納箱の材料となり、原産地のキプロス島の語源になりました（ギリシャ語でイトスギは「*kypárissos*」、キプロスは「Kýpros」です）。間接的に銅の語源にもなりました。古代ローマ人は、キプロス島の銅と少量のスズから青銅を作っていて、銅を「*aes Cyprium*（キプロスの金属）」と呼んでいたからです。これが「*cyprum*」と短縮され、「*cuprum*（銅）」というラテン語になり、銅の元素記号「Cu」ができました。今日の多くの言語で、銅を意味する言葉は、イトスギからキプロス島を経由してきました（例えば英語では、イトスギは「cypress」、キプロス島は「Cyprus」、銅は「copper」です）。

イトスギの名前は、ギリシャ神話に登場するキュパリッソス（Kypárissos）という少年からきています。少年はアポロンのお気に入りの鹿を誤って殺してしまったことに苦しみ、永遠に嘆いていたいと願ったため、アポロンが少年をイトスギに変え、その涙を樹液にしたと言われています。今日でも、イトスギは不滅の魂、永遠の死、黄泉の国の象徴とされ、多くの墓地に植えられています。

エジプト

ナツメヤシ
（ヤシ科ナツメヤシ属）

Phoenix dactylifera

3,000年前のヘブライ語の文献、アッシリアのレリーフ、エジプトのパピルスにも登場するナツメヤシは、アフリカ北東部からメソポタミアまでのどこかを原産地とし、中東では6,000年も前から栽培されています。ナツメヤシの果実はデーツと呼ばれ、この地域のあらゆる文化を象徴する果実であると同時に、３分の２もの糖質を含む主食として大勢の人が砂漠で暮らすことを可能にし、歴史の流れを変えました。今、ナツメヤシを見てみたいならエジプトにいくのがよいでしょう。1,500万本ものナツメヤシがあり、毎年100万トン以上のデーツを生産しています。しかも、そのうちの３％しか輸出されていないのです。

　植物学の知識がある人は、ナツメヤシは茎が木質化していないから、厳密には木ではないと言います。けれども私たちは、ナツメヤシが幹と呼んでも違和感がないほど強靱な茎で自分自身を支えていることを知っています。樹高は25mにもなり、幹の頂部から長さ5mほどにもなる葉が20〜30枚出ています。幹の表面は古い葉柄の基部に覆われています。猛暑の乾燥した夏の間に地下水や灌漑によって水を供給していれば、150年は生きられます。木には雄株と雌株があり、雄株の花の花粉が雌株の花のめしべに到達しないと実はなりません。デーツの生産者は、風や昆虫に授粉を任せず、人力で行います。昔は木に登って授粉作業をしていましたが、今では昇降機が使われています。一般に、ナツメヤシの繁殖は、組織培養を行うか、根元のまわりに土を盛り上げ、出てきた根萌芽を植え替えたりして行います。これにより、実をつけない雄株の本数を最小限に抑え、多くの栽培品種を確実にコントロールできるようになりました。

　2005年、イスラエルの死海の近くのマサダ城址から出土したナツメヤシの種子の炭素年代測定が行われ、約2,000年前のものであることが明らかになりました。少量の水と肥料とホルモン処理により、１個の種子が発芽しました。実生は雄株で、古代イスラエル時代のナツメヤシの唯一の生きた標本だと考えられています。この品種は、ヨセフス（紀元１世紀のユダヤ人歴史家）や大プリニウスの著作で、特に丈夫で好ましいものとされています。木はメトセラと名づけられ、ネゲブ砂漠のキブツ（イスラエルの農業共同体）に植えられました。2017年には樹高約3mになり、花が咲き、花粉ができました。この木を、同じく砂漠から出土した古代イスラエル時代の種子を発芽させた雌株とかけ合わせたらどうなるでしょう？　古くて新しい果実は、どんな有益な性質を持っているでしょうか?

レバノン
レバノンスギ
（マツ科ヒマラヤスギ属）

Cedrus libani

威風堂々たるレバノンスギが文明の発達に決定的に重要な役割を果たしたというのは誇張ではありません。土壌の掘削コアサンプルと、そこに含まれる花粉から、今から1万年前には、地中海東岸からメソポタミアや今日のイラン南西部にかけて、レバノンスギの広大な森が広がっていたことがわかっています。今日では、ヨーロッパ西部やアメリカの一部の公園や大規模庭園の飾りとして人気がありますが、自生地は、レバノン、シリア、トルコ南部の孤立した山々だけになってしまいました。偉大な木は、なぜ没落してしまったのでしょうか。

　成熟したレバノンスギは、これほどの巨木にはありえないほど優美です。樹高は35m、どっしりした幹の直径は2.5mにもなります。雪の多い地域で育つ針葉樹には珍しく、枝はほぼ水平に伸びるので、非常に頑丈にできています。それなのに、これといった理由もなく、成熟した木から突然、重さ数トンの大枝が落ちて人々を驚かせることがあります。葉は暗緑色か青緑色の針状で、密生しています。樹皮は黒っぽい灰色で、香り高い樹脂を分泌し、スギ木立の散歩を格別なものにしています。1年おきに大型のレモンほどの大きさの卵型の球果ができ、成熟すると、無数の小さな種子を撒き散らします。

　冬の酷寒にも夏の干ばつにも耐えるレバノンスギの木質部は、美しい赤い色をしていて、香りがよい上、丈夫で腐りにくく、サイズが大きい点で、理想的な性質を備えています。おそらくそれが没落を招きました。古代世界では、スギは価値ある商品でした。その材木は、アッシリア、ペルシャ、バビロンなどの寺院や宮殿の建設に使われました。海洋民族のフェニキア人はスギを主要な交易品とし、船を建造し、家具も製作しました。古代エジプト人はスギの樹脂を死体の防腐処理に使い、ファラオの墓にはスギ材の収納箱を置き、スギの削りかすを撒き散らしました。レバノンスギは聖書にも登場し、紀元前830年頃に建設されたエルサレムのソロモン神殿の屋根にも使われました。当時の衛生措置はまだあてにならなかったので、スギの消毒作用や防虫作用は、その香りとともに、大いに役に立ったことでしょう。スギの精油は今でもイガ〔訳注：小型の蛾で、その幼虫は衣服を食い荒らす〕よけに広く使われ、トルコ南部にはカトランというスギ材の木タールがあり、木造建造物を虫や腐敗から守っています。

　古代の物語では、しばしば人間がスギを切り倒すという形で、自然に対する人間の優位が表現されています。約4,000年前のシュメールの『ギルガメシュ叙事詩』では、英雄ギルガメシュがレバノンスギの森の番人である半獣半神フン

ババを倒し、力を誇示するために、森の木々をなぎ倒します。おそらくこの物語の背景には現実の過剰伐採があったのでしょう。レバノンスギを保全する取り組みは古くからありました。西暦118年にはローマ皇帝ハドリアヌスが、皇帝の森まで作っています。けれども、その後の保全は限られた地域でしか行われませんでした。レバノンでは、スギは文化的に重要な木です。その国歌では、国の栄光は「永遠の象徴」であるレバノンスギにあるとされ、国旗にもレバノンスギが描かれています。レバノン当局は最後に残った数少ない木を守ろうと努力していますが、その名に反して、今ではトルコ南部のタウルス山脈がレバノンスギの代表的な自生地になっています。

　地球温暖化により、近年、中央ヨーロッパで森を形成できるような樹木が求められるようになっています。予備的な実験によると、レバノンスギがその条件を満たしているようです。今日の気候変動はレバノンスギが復活するきっかけになる可能性がありますが、フンババが守護していた古代の森の広大さを想像するのは現時点では困難です。

レバノンスギはときどき大枝が折れることで有名ですが、ウォレマイ・パイン（152ページ）の枝はしょっちゅう折れます。

イスラエル
オリーブ
（モクセイ科オリーブ属）
Olea europaea

　大地にうずくまるような、ねじ曲がったオリーブの木は、高温にも干ばつにもヤギにも負けず、1,000年以上生き、長い間実をつけます。葉の表面は灰色がかった暗緑色で、裏面は銀色がかっています。高温や強風による水分の蒸発を減らすため、葉の裏面は直径わずか1/6mmの微少な鱗片で覆われています。顕微鏡下ではひらひらした日傘が重なっているように見えるこの構造が、いかにも地中海的なきらめきを生み出しています。

　現在、オリーブの最大の産地はスペインとイタリアですが、縁が深いのは中東で、新石器時代から利用され、5,000年以上前から、食料や薬にしたり、油をとったりするために栽培されてきました。イタリア語の「olio（オーリオ）」やフランス語の「huile（ユイル）」など、多くの言語で「油」をさす言葉はオリーブを意味する古典ギリシャ語に由来しています。オリーブはすべての果実の中でエネルギー含有量が最も高く、食品としてもオイルランプの燃料としても大切にされてきました。オリーブを意味するヘブライ語は「zayit（ザイト）」、アラビア語は「zeytoun（ザイトゥーン）」で、よく似ていますが、どちらも明るさと関係がある共通の語源に由来しているようです。

　オリーブの木は、ユダヤ教、キリスト教、イスラム教において、光、食料、清めなどと関連づけられ、敬愛されてきました。旧約聖書の大洪水の物語では、洪水と神の怒りが収まってきた印として、箱舟にのったノアの元に鳩がオリーブの枝を運んできます。以来、オリーブの枝は平和の象徴になりました。ユダヤ教徒とイスラム教徒とキリスト教徒、アラブ人とイスラエル人とパレスチナ人の故郷である地域にとって、平和は得がたく貴重なものです。隣り合って暮らす彼らに、歴史的経緯はどうあれ、子どもたちが共存共栄できる方法を見出せるようにする必要があることを納得させるにはどうすればよいのでしょう？　過酷な環境で育ち、平和を象徴し、この地域の共通の文化遺産でもあるオリーブは、諍（いさか）いを鎮めるためのヒントを与えてくれるのではないでしょうか。

オリーブの葉には、水分が失われるのを防ぐための微小な鱗片（下図）があります。トキワガシ（48ページ）の葉は、これとは違った方式を進化させました。

シエラレオネ
カポック
（別名バンヤノキ、アオイ科セイバ属）

Ceiba pentandra

成熟したカポックは実に見事な大樹です。アフリカ大陸では最も背が高く、20階建てのビルほどになり、葉は密生して巨大な樹冠を作ります。若木の幹は鮮やかな緑色で、触れてみるとすべすべしていて、一風変わった構造になっています。枝は幹から水平方向に張り出して層をなし、幹や大枝の表面には円錐形の大きな棘があります。木は下の方の枝を落としながらどんどん成長し、灰色になった太い幹の基部にはうねるような板根ができます。板根のひだは、ときに人間が隠れられるほどの大きさになります。カポックの巨木は、それ自体が生物多様性の島のようです。大枝には着生植物が生え、多種多様な昆虫や鳥が棲んでいます。高い枝の上にできた小さな水たまりにはカエルが産卵します。

　乾燥が長く続くと、カポックは葉を落とします。花は毎年咲くわけではありません。その分、花が咲く年には、できるだけ多くの種子を残せるようになっています。送粉者が迷ったり、種子の散布が妨げられたりしないように、葉がない時期に花が咲き、実がなります。むき出しの枝を飾る花々は妙に人工的に見えます。花は薄黄色で、ロウのようなつやがあり、古い牛乳のような臭いを放ち、夜の間にコウモリやガを引きつけて花粉を運ばせます。開花時には毎晩10リットル以上の花蜜を分泌し、コウモリはこれを目当てに20kmも離れたところから木々の間を飛んできて、途中で花粉をまき散らします。やがて実がなり、1本の木に緑色のボート型の莢が何百個もぶら下がります。莢が熟してくると革のような質感になり、これが弾けて、種子を包む繊維が顔を覗かせます。木を遠くから見ると、数千個の綿玉で飾られているようで、「silk-cotton tree」という英語の別名の由来になっています。1個の莢には1,000個以上の種子が入っていて、種子からは油がとれます。

　カポックの種子と繊維は風に運ばれて広がりますが、種子は油でコーティングされ、コルクのような構造になっているため、川や海によっても運ばれます。原産地はアメリカ大陸の熱帯地方なので（現在、グアテマラとプエルトリコの国樹になっています）、おそらく海を渡ってアフリカにやってきたのでしょう。花粉の研究から、カポックは1万3,000年以上前から西アフリカで育っていたことがわかっています。

　カポックの繊維は中空で、細胞壁が薄いため、とても軽くできています。表面にロウの層があるため、ワタの繊維とは異なり、撥水性に優れています。第二

次世界大戦後まで救命胴衣や救命浮輪の詰め物に利用されていたほどです。その上、油との親和性が非常に高く、40倍の重さの油を吸収できるため、流出事故などで水から油を除去する必要があるときには大活躍します。種子を保護するため、繊維はカビが生えにくく、昆虫や齧歯類が嫌う味がするので、枕やクッションやマットレスの中綿や、おもちゃやテディーベアの詰め物に使われています。

　シエラレオネの首都フリータウンで歴史的に最も古い地区にあるカポックの巨木は、世界一有名で、象徴としても重要です。英国からの解放奴隷が1790年代にアフリカに帰還したときに、この神聖な木の下に集まって感謝の祈りを捧げたと言われています。

　カポックは、人々の心身の健康と強く結びつけられています。精霊が棲む木として西アフリカ全域で崇められていて、シエラレオネの人々は、今もこの木の下に集まって祖先にお供えをし、平和と繁栄を祈っています。濃い影を落とすことから、カポックの木の下ではしばしば会合が開かれ、昔は、祈禱師が集落の人々を集めて心の問題の治療を行うこともありました。今で言う集団精神療法です。

ガーナ
コラノキ
（アオイ科コラノキ属）
Cola nitida

コーラは西アフリカの高温多湿な地域を原産とする常緑樹の総称です。よく知られているのは、葉先の尖ったヒメコラノキ（*C. acuminata*）と、ツヤツヤの葉のコラノキ（*C. nitida*）です。どちらも樹高は15m以下で、幹はまっすぐで短めです。淡いクリーム色の星形の花はよく目立ち、えび茶色の線が中心から放射状に出ています。コーラの実は長さ15cmほどの拳のような形の緑色の莢で、茶色くなって割れると、クルミほどの大きさの赤または白のつるつるした種子が数個入っているのが見えます。実の外見はぱっとしませんが、中身は刺激的です。天然の殺虫剤であるカフェインをコーヒーの実の2倍も含んでいるだけでなく、数種類の興奮性物質や微量のストリキニーネまで含んでいるのです。西アフリカにはコーラの実を噛む習慣があります。最初は苦いのですが、次第に甘くなり、世界がバラ色に輝き始めるのだそうです。

けれどもコーラには悲しい歴史があります。昔は、コーラの実には飢えや渇きを和らげる効果があると信じられていて、大西洋を横断する奴隷船では、腐った水が入った樽にコーラの実を粉末にしたものを加えていました。17世紀にはカリブ海域諸島や南北アメリカ大陸にコーラが植えられるようになり、奴隷たちが故郷を偲び、飢えや渇きを抑えるために、ときどきその実を食べていました。

何千年も前から日用品として取引され、何世紀も前から栽培されてきたコーラの実は、アフリカ内の奴隷貿易にも使われていました。今日のガーナやマリにあたる地域には地中海沿岸やスーダン南部から連れてこられた奴隷を売買する市場があり、19世紀末まで、コーラの実と奴隷の「物々交換」が行われていたのです。同じ頃、アメリカではコーラの実の薬効がもてはやされるようになり、1880年代には最初のコカ・コーラに入れられました。当時のコカ・コーラには、別の天然強壮剤も含まれていました。コカインです。

コーラの実は今でも、西アフリカのほとんどの市場で売られています。コーラの実は社交の潤滑剤で、人々は出会いや別れや通過儀礼など、あらゆる場面でコーラの実を分かち合います。赤ちゃんが生まれると、へその緒をコーラの種子と一緒に地中に埋める風習も各地にあります。育った木を、その子の財産にするのです。一部の「ナチュラルコーラ」には、コーラの抽出物が風味づけに使われています。コーラの実を焙煎して挽いた「スーダンコーヒー」をカフェで出せば、農民の収入を増やして、森林破壊を食い止めることもできるのではないでしょうか。

ボツワナ

アフリカバオバブ
（アオイ科バオバブ属）

Adansonia digitata

さまざまな文化で、尖ったものを表す言葉には「F」や「K」などの鋭い音が使われ、丸いものを表す言葉には「B」や「M」や「W」のように丸みのある音が使われる傾向があります。ですから、現地の言葉で「bwabwa」、「mwamba」、「mubuty」、「mowana」などと呼ばれるバオバブが、地球上で最もずんぐりむっくりした木の１つであるのは意外ではありません。

バオバブは奇妙な木で、群生することもありますが単独で生えていることも多く、おそらく2,000年ほど生きられます。一般的なのはアフリカバオバブという種で、葉は５枚または７枚の小葉からなり、サハラ以南のアフリカのサバンナでよく見られます。その奇怪な見た目を説明する民話はいろいろありますが、なかでも多いのは、バオバブが分不相応な企てをし、すったもんだの末に、怒った創造主によってひっくり返しにされ、空中に根をさらすようになったというものです。

バオバブの巨木の樹高は25mほどで、幹周りも同じくらいになります。ぐるりと囲もうとすれば、大人が10人以上必要です。巨大な古木の幹は驚くほど滑らかで、そのほとんどが菌類の感染により中が空洞になっています。空洞は、隠れ家、倉庫、バーのほか、間に合わせの牢屋にもなります。柔らかく水気の多い幹には数千リットルの水を蓄えることができるため、喉が渇いたゾウが幹をかじることもあります。さらに、おそらく樹木の中では唯一、水分が足りているかどうかによって大きくなったり縮んだりします。

この木には大きな白い花が釣り下がって咲きますが、一日花で、すっぱい匂いがします。花は花蜜が少ない代わりに、おしべが何千本もあります。オオコウモリやガラゴは花粉を浴びながらおしべを食べ、花から花へと花粉を運びます。バオバブの木はほとんどの部分が役に立ちます。花が終わると、25cmほどもある柄の先端に卵型をした茶色い大きな実がぶら下がります。実の表面は柔らかく、果肉はすっぱくてポロポロしていて、ビタミンCを豊富に含む、さっぱりした飲み物の材料になります。種子はコーヒーの代用品として利用されますが、人間が採らなかった種子はゾウやヒヒによって散布されます。再生する樹皮からは繊維がとれ、これを織ったマットや帽子は人気商品になっています。

アフリカの多くの言い伝えでは、バオバブは祖先のよい霊の住み処と見なされていますが、有害な力と結びつけられることもあります。どちらを信じるにしてもバオバブは尊重されることになり、それが保護につながっています。

ジンバブエ

モパネ
（マメ科コロフォスペルマム属）

Colophospermum mopane

モパネはアフリカ南部の真ん中の帯状の地域で育つ木です。ゾウやクロサイなどアフリカ大陸の重要な野生動物の食料になるほか、人間にとっても意外な栄養源になっています。

モパネは樹高15〜20ｍほどの落葉樹です。大きな枝の数は少なく、枝は若いうちはなめらかで灰色ですが、年とともに皺が寄り、深い溝ができてきます。繊細そうな見た目に反して、浅い土壌や粘土質の土壌では、ほかの木を駆逐して優占種になります。

乾季のあとに出てくるモパネの葉は特徴的です。１枚の葉は、ルネッサンス絵画の天使の羽のような形の１対の小葉と、その間に挟まれた第３の退化した小葉からなっています。葉を光に透かすと、あちこちに透明な斑点があるのがわかります。小さなくぼみにテレビン油のような樹脂が溜まっているのです。気温が高くなると、羽のような葉は閉じて垂れ下がり、光や熱の吸収量を減らして水分が失われるのを防ぎます。モパネの木の下はたいてい明るいため、灌木が茂り、昆虫や鳥がそれを食べます。齧歯類や大型の動物はモパネの葉や果実を食べ、種子を散布します。この入り組んだ生態系はモパネ森林地と呼ばれます。

モパネの花は風媒花で、昆虫や動物の目をひく必要がないため、小さく、黄緑色をしていて、目立ちません。木は密生していることが多く、花粉は目的地のめしべに到達しやすくなっています。種子が入っている莢は短時間の大雨の際に散布されます。莢の中には腎臓のような形をした種子が１個ずつ入っていて、複雑な模様のあるねばついた表面は、水分を保持するのに適しています。

モパネ材は強度があり、シロアリに強く、村の小屋の建材として好まれます。また、水に沈むほど密度が高く、サックスやクラリネットなどの楽器の材料としても優れています。けれどもモパネを特別のものとするのは、間接的に数百万人の栄養源になっている点にあります。この地方では、冬の終わりにヤママユガ科のガ（*Gonimbrasia belina*）の大群が出現します。ガは子どもの手ほどの大きさで、茶褐色の羽には大胆な目玉模様があります。このガが地中から出てきて、交尾し、モパネの葉に卵を産みつけます。夏には卵が孵って幼虫になります。これが「モパネワーム」です。モパネワームは樹脂をものともせずに葉を貪り、体重は６週間で4,000倍まで増加します。けれどもモパネワームが葉を食べる期間はほかの生物に比べると非常に短く、木は丸裸の状態から回復することができます。若木なら半年もたたないうちに小さめの葉が多めに茂り、葉の表面積

は以前と同じになります。なお、シカが葉を食べた場合にはこれほど顕著な回復はなく、その理由はまだわかっていません。

　モパネワームは大人の中指より大きく、緑色と黄色の地に白黒の斑点が散りばめられ、小さな棘や毛が並んで生えています。この模様のおかげで鳥の目はごまかせますが、人間の目はごまかせません。毎年、数千トンのモパネワームが「収穫」されています。モパネワームの尾をつまんで持ち、親指と人差し指で頭に向かってしごいて、未消化の葉で緑色になった内臓を絞り出します。これを塩を加えた熱湯で煮て、天日干しにしたものを市場や露店で売るのです。味はしょっぱいポテトチップスのようで、そのまま食べることもできますが、野菜シチューに入れることもあります。

　地元では、乾燥モパネワームはご馳走です。60％がタンパク質で、脂質と主要なミネラル分も含んでいる上、冷蔵庫がなくても何カ月ももつので、作物が不作の年には大切な栄養源になります。近年、モパネワームを好んで食べる人が増え、特に南アフリカではスーパーでの販売や輸出のための需要が増えてきました。その結果、ガの個体数が減少し、モパネワームを捕りやすくするために背の高いモパネの木が伐採されるケースも出てきたため、収穫を抑制するためのさまざまな実験的な取り組みが始まっています。

　モパネとセイヨウツゲ（33ページ）は、どちらも強くて重い材木です。

マダガスカル

タビビトノキ
（ゴクラクチョウカ科タビビトノキ属）

Ravenala madagascariensis

マ　ダガスカルはフランスよりも広い、博物学者のあこがれの島です。約1億5,000万年前にアフリカ大陸から分離し、約9,000万年前にインドからも分離してできた島で、人間が住むようになったのはほんの2,000年ほど前からなので、生物は独自の進化を遂げています。マダガスカルに自生する植物のほとんどすべてが世界中でここにしか自生していない固有種で、植物と野生動物との関係の多くもここでしか見ることができません。

　マダガスカルを象徴するタビビトノキは、地元では「fontsy」と呼ばれ、神々しいと言うべきか滑稽と言うべきか、とにかく途方もない植物です。巨大なうちわのような形をしていて、長さ3m、幅0.5mもあるパドル状の葉が、信じられないほど対称的に並んでいます。若木はうちわの柄の部分を地中に完全に埋めてしまったような形をしていて、編み込まれた葉柄が地面から直接出てきていますが、年とともに下葉が枯れ上がり、葉柄の基部がぎっしり詰まった灰色のまっすぐな幹になります。最終的には幹の高さは15mほどになり、シュールな樹形が完成します。

　タビビトノキ属は1属1種で、ヤシのように見えますがヤシ科ではなく、エキゾチック趣味の園芸愛好家が好む南アフリカ原産の華麗なゴクラクチョウカと同じゴクラクチョウカ科です。ゴクラクチョウカ科の植物は、鳥たちが魅力を感じる赤やオレンジ色の花や種子を見せびらかすことで花粉や種子を運んでもらいます。けれども、タビビトノキの薄黄色の花は、群葉の真ん中にペリカンのクチバシを重ねたような、緑がかったベージュ色の硬い苞から顔を出しています。こんなものをこじ開けて受粉させる意思と技術を持つ動物などいるのでしょうか？　それがマダガスカルの固有種のクロシロエリマキキツネザルです。いつも驚いたような顔をしたキツネザルは、漫画から出てきたような、愛くるしい動物です。彼らはタビビトノキから主食である甘い花蜜をもらう代わりに、毛皮に花粉をつけて木から木へと移動します。現在、クロシロエリマキキツネザルは絶滅の危機に瀕しているため、野生のタビビトノキも同じ危機に瀕しています。

　タビビトノキの果実は長さ8cmほどの蒴果で、乾燥して裂けると、中から宝物が現れます。おそらく世界で唯一の青い種子です。ラピスラズリのような印象的な青は、種子の表面を覆う仮種皮という特殊な被覆物の色です。この種子は、キツネザルの目につきやすいように進化しました。キツネザルは類人猿よりも原始的なサルで、二色型色覚を持ち、青と緑は識別できますが、赤は識別でき

ないのです。キツネザルがこの種子を食べ、そのうちの一部が消化されずに排泄されると、次の世代のタビビトノキになります。

　この木が「タビビトノキ（旅人の木）」と呼ばれる理由の1つは、旅人に方位を教えるコンパスになると伝えられているからです。日光のあたり方の関係で、葉が整列した弧が常に一定の方角を向いていると言われていますが、本当かどうか厳密に調べるのは困難です（マダガスカルの植物学者たちの非公式な見解や、航空写真の予備的な分析結果を見ると、博士論文のよいテーマになりそうです）。タビビトノキの名前の第2の理由は、旅人に飲み水を与えてくれるからというものです。ぎっしり重なったU字型の葉柄を雨が伝い、木の中心部に水がたまるのです。その量は1リットルにもなります。おそらくその水はしょっぱく、いろいろな虫がうごめいているでしょうが、葉柄の横からストローを差し込んで飲むことは原理的には可能です（ただし、浄水機能つきのストローのほうが安全です）。不屈の精神を持って極限環境を生き抜くタビビトノキは、やはり旅人の命を救ってくれる植物なのでしょう。

ケニア
ウィスリング・ソーン
（マメ科バケリア属）

Vachellia drepanolobium（または*Acacia drepanolobium*）

英語で「笛を吹くイバラ」を意味するウィスリング・ソーン（whistling thorn）は、アフリカ東部のサバンナの全域に分布する植物です。遠くから見ると、これといった特徴のない樹高6mほどの木なのですが、そよ風が吹く日にはかん高い不協和音を響かせ、それが英語名の由来になっています。羽状葉は意外と密生していて、いかにも草食動物たちが喜びそうです。葉の基部には人間の指ほどの長さの1対の白い棘があるため、一部の草食動物からは身を守ることができますが、キリンは長くて器用な舌を使い、棘を避けて葉を食べることができます。ゾウは木を足で踏み潰して棘をとることができますし、昆虫は棘をまったく気にしません。

　ウィスリング・ソーンの棘の多くは基部が膨らみ、中空になっています。人類至上初の人工衛星スプートニクをクルミ大にしたような形で、未熟なうちは柔らかくて紫色ですが、古くなると固くなり、黒っぽくなってきます。コブの表面には小さな穴があいていて、ここを空気が通り抜けると、笛のような音が出ます。では、このコブと穴はどのようにしてできたのでしょうか？　答えを知るために、木を何度か軽く叩いてみましょう。コブの中から数百匹のアリがわらわらと飛び出してきます。木を守るためです。アリたちは侵略者に集団で襲いかかり、噛みつきます。さらに警告フェロモンを撒き散らしながら走り回り、援軍を呼び寄せます。葉と一緒に口に入ったアリにいやというほど刺されれば、どんな大型草食動物も怖気づきます。現地の村人によると、家畜のヤギがアリの守る木の葉を食べようとして攻撃を受けると、その木には二度と近寄らなくなるといいます。

　棘の基部のコブは、動物の寄生によって植物体組織が異常に肥大した虫コブではなく、この植物が本来持っている構造です。住居の提供を受け、葉の蜜腺から分泌される甘い蜜をもらうアリたちは、あらゆる侵略者から木を守ります。蜜は高カロリーですがタンパク質と脂質は含まないため、アリたちは不足分の栄養を補うために昆虫も捕食します。また、彼らがコブの外に捨てる有機廃棄物は木の栄養分になります。

　ウィスリング・ソーンのコブでの暮らしはアリにとって非常に魅力的なので、特定の木を独占する権利をめぐり、各種のアリが競争を繰り広げます。隣り合う木に別々のアリのコロニーがあり、木の枝が絡まりあってくると、コロニー間の戦いが始まり、負けたほうのコロニーは木から追い出されてしまいます。アリたちが木の側芽を容赦なく刈り込み、絡みついてくるつる植物を噛み切り、自分たちの木

　が近隣の同種の木と接触しないようにして、侵略の危険を減らそうとするのは自然なことです。

　毒を持つ動物や危険な動物の中には警告誇示という行動をとるものがいます。潜在的な捕食者に対して「自分は危険な存在だから近づくな」と合図するのです。研究者たちは最近、ウィスリング・ソーンのコブが笛のような音を立てるのは、ガラガラヘビの警告音と同じ、聴覚的な警告誇示なのではないかと考えています。笛の音で自分の存在を知らせることで、夜間にゾウに踏みつけられるのを防いでいるのかもしれません。

　逆説的なことに、この木はときどき攻撃されるほうが健康でいられます。木がアリのために蜜を作るには多大なエネルギーが必要になるため、近くに大型草食動物がいないときには、蜜を作る量を減らし、アリの住処となるコブの数も減らします。そうなると、アリは代わりの食料源として、樹液を吸って甘露を排出するアリマキに似た昆虫を養い始めます。ところが、この甘露が別の種のアリを引き寄せ、防御が手薄になった木が占領されてしまうのです。新たに居着くアリたちは草食動物から木を守る仕事に熱心でなく、木を傷つける甲虫が作った穴を利用して生活します。つまり、大型草食動物がいなければ、ウィスリング・ソーンはアリの群れをもてなす必要がなくなりますが、ほかの昆虫によって傷つけられてしまうのです。木が傷めば果実や種子の数が減り、結果的に、次の世代の木も減ります。逆に、周囲に大型草食動物がいれば、木は身を守るために多数のアリを必要とし、大量の蜜を作らなければならず、果実と種子を作るための潤沢とは言えない資源を割いて蜜を作らなければなりません……自然界は絶妙なバランスの上に成り立っているのです。

　インドセンダン（120ページ）も、巧妙なやり方で自分の身を守っています。

ソマリア

ボスウェリア・サクラ
（カンラン科ボスウェリア属）

Boswellia sacra

ボスウェリア属の数種の植物は、オマーンやイエメンの乾燥地や、ソマリア北部の荒涼とした山地で育ちます。樹形はピラミッドを逆さにしたようになっていることが多く、樹高は数m程度です。滑らかな樹皮は紙のような質感で、ぺりぺりと剥け、葉はもつれた枝の先端に群がっています。幹の基部のクッションのような膨らみを利用して急斜面の岩場にしがみつくように生え、動物からうまく逃れています。冬には総状花序の小さな花が咲きます。個々の花は、10本のおしべと5枚のクリーム色の花弁が中心部を取り囲んだ構造をしています。中心部の色は最初は黄色ですが、受粉後に赤くなり、送粉者に別の花に蜜をもらいにいくように知らせます。木が傷つくと、シロアリなどが寄ってこないようにするために、特殊な管から白または薄黄色をした樹脂と水溶性のゴム質との混合物を分泌します。これがボスウェリア属の最大の特徴である乳香です。白熱した炭の上で乳香を加熱すると、爽やかな芳香がします。田舎の人々は、この木から樹皮を少し剥ぎ取って乳香を分泌させます。垂れてきた乳香を歯磨きに使うこともありますが、大半は輸出します。乳香は、この貧しい地域で生産される最も貴重な商品の1つです。

　乳香と没薬（乳香と同じく、この地域の木からとれる樹脂）は、紀元前2500年頃には南アラビアの主要な貿易商品になっていました。古代エジプト人は遺体の防腐処理に使う樹脂を必要としていたからです。エジプト人にとって、防腐作用と芳香を持つ乳香は「大地に落ちた神の汗」でした。紀元前1500年頃にはエジプトのハトシェプスト女王が、乳香の輸入にかかる費用を節約するために世界初の植物採集遠征隊を派遣し、テーベでボスウェリアを栽培できないかと考えました。寺院の壁に刻まれた記録によると、女王は30人の漕ぎ手が漕ぐ5隻のガレー船を「プントの地」（現在の「アフリカの角」に相当する地域）に派遣し、ボスウェリアを入手させ、ナイル川上流のカルナックの川辺に植えさせたようです。残念ながらエジプトに植えられた木は育たず、その後も乳香の産地はプントと南アラビアだけです。

　乳香を欲しがったのはエジプト人だけではありません。紀元前1000年以降、南アラビアやアフリカの角と地中海やメソポタミアを陸路で結ぶ「香の道」が整備されました。香の道には要塞と休憩所が戦略的に配置され、多数のラクダを連ね、厳重に警護された隊商が行き来しました。ギリシャの地理学者ストラボンはこの道を軍隊の輸送路に喩え、大プリニウスは紀元50年頃に、南アラビアの

　人々は「世界で最も裕福」だと羨望の言葉を記しています。南アラビアは「アラビア・フェリクス（幸福なアラビア）」として知られるようになりました。イエスが誕生したときに東方の三博士から乳香が贈られたと言われていますが、当時、乳香は黄金よりも価値あるものとされていました。一部の専門家によると、地球上で最も貴重な物質だったそうです。

　けれどもやがて、「香の道」は徐々に重要性を失っていきました。まず、ローマの船乗りが陸路ではなく海路で直接生産者のところにいくようになりました。そして、紀元元年頃から南アラビアの雨量が減少し、腹をすかせた動物たちが、ただでさえストレスにさらされているボスウェリアを傷つけるようになりました（これは今日も変わっていません）。さらに、4世紀末にローマ帝国の皇帝テオドシウスがカトリックを国教化し、家庭の守護神に香を捧げる異教の習慣を禁じたことが、最後の打撃になりました。

　乳香は英語で「frankincense（フランキンセンス）」と言いますが、その語源は、古期フランス語の「franc encens（選り抜きの香）」です（ちなみに香水を意味する「perfume（パヒューム）」という英語は、ラテン語の「*per fumum*（煙によって）」からきています）。バビロニア人、エジプト人、ユダヤ人、ギリシャ人は、数千年にわたって、寺院のための香を必要としてきました。けれども当時は、「宗教用」という言葉にはより広い意味があったようです。旧約聖書の雅歌では、乳香は明らかに媚薬や性的至福のサインとして見られています。人類が乳香を採取するようになってから5,000年以上になりますが、今日、乳香の香りを嗅ぎたいと思ったら、乳香を使った高級チューインガムが人気のペルシャ湾岸諸国にいくか、カトリック教会かギリシャ正教会にいくしかありません。少しクラクラするような、濃厚な乳香の香りを楽しむことができます。

　マロニエ（38ページ）も、蜜を吸われた花の色を変えて、別の花のところにいくように送粉者に合図しています。

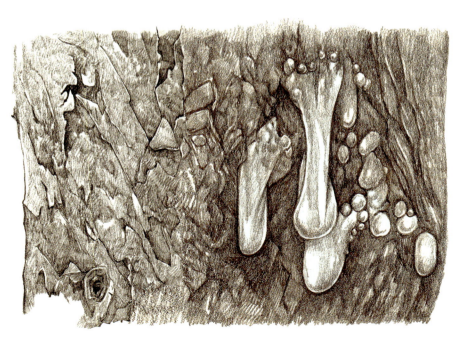

ソコトラ島（イエメン）
ベニイロリュウケツジュ
（キジカクシ科ドラセナ属）

Dracaena cinnabari

イエメンのソコトラ島は、「アフリカの角」の沖のアラビア海にあります。この地の固有種であるベニイロリュウケツジュは、はるかな古代を思わせる不気味な植物です。おちょこになった傘のような奇怪な樹形は、ソコトラ島の花崗岩質の山々と石灰岩質の高原を覆う、痩せて乾燥した土壌で生きるのに適しています。この島では雨はめったに降りませんが、ときどき霧が発生します。霧の細かい水滴が上を向いた剣状の葉に付着し、ロウを塗ったような葉の表面を滑り落ちて枝に流れ、幹を伝って、最終的に根に届くのです。

外見以上にリュウケツジュをこの世のものとは思えない存在にしているのは、大枝が傷ついたときに滲み出てくる、透明感のある、血のように赤い樹脂です。地元の人々は、樹皮に慎重に切り込みを入れたり、もとからある裂け目を広げたりして、1年後に、赤い雫と樹脂の塊を採集します。1本の木から収穫できる樹脂は500gにもなります。加熱し、乾燥させ、板状に成型された樹脂は、乾燥した血液のような、薄気味悪い粉になります。これが「竜血」です。17世紀のヨーロッパでは、不思議な竜血は万能薬として珍重され、重病の患者に処方されただけでなく、高価な惚れ薬や口臭清涼剤にも配合されました。今では、竜血には抗菌物質や抗炎症物質が含まれていることがわかっていて、地元の人々は、うがい薬にしたり、吹き出物や腫れ物の治療薬にしたりしています。

ところで、なぜ「竜血」なのでしょう？　ソコトラ島はインドと中東と地中海を結ぶ貿易ルートの中継地なので、インドの商人がヒンズー教の神話と一緒にこの樹脂を市場に持ち込んだのではないかと考えられています。ある神話によると、ソコトラ島でゾウと竜が激しい戦いを繰り広げたとき、ゾウの血を大量に飲んだ竜が、血を失って倒れてきたゾウの下敷きになり、両者の血が撒き散らされたといいます。この神話は紀元1世紀にギリシャの航海案内書で語られ、それを読んだ大プリニウスが『博物誌』で紹介したことで、広く知られるようになりました。それから約2,000年後につけられた属名の「*Dracaena*」は、ギリシャ語でメスの竜を意味し、その樹脂は多くの言語で「竜の血」を意味する言葉で呼ばれています。今日のソコトラ島では「2人の兄弟の血」を意味するアラビア語で呼ばれていて、インド文化の影響を思わせます。

ストラディバリは、オウシュウトウヒ（55ページ）の木材を使ったヴァイオリンに、竜血を混ぜたニスを塗っていました。

<small>セーシェル</small>
オオミヤシ
（別名フタゴヤシ、ヤシ科オオミヤシ属）
Lodoicea maldivica

17世紀頃、ヨーロッパの船乗りの間で、インド洋に浮かぶ不思議な物体についての噂が聞かれるようになりました。物体の質感は木のようなのですが、大きさも、丸みを帯びた形も、女性の下腹部にそっくりなのです。人々は、むっちりした太腿と、形のよい尻を持つこの物体は、ココナッツが2個くっついたもので、海の中で育つのだろうと考えました。オオミヤシの英語名「coco-de-mer」は、「海のココヤシ」という意味のフランス語に由来しています。海上でこの実が見つかることは非常にまれで、催淫作用や解毒作用があると信じられていたため、有力者だけが手に入れられる貴重品になりました。東インド諸島では庶民がオオミヤシの実を所持することは禁じられ、1750年代には1個400ポンド（現代の貨幣価値にして約1,000万円）という高値で取引されていました。ところがその10年後、この実がセーシェル諸島のヤシのものであることが明らかになります。島の人々は昔からオオミヤシの種子を崇拝していましたが、ヨーロッパの船乗りたちは森からオオミヤシの実を略奪し、市場に大量に出回るようになった実を裕福な収集家たちが買い求めるようになりました。

　現在、セーシェル諸島のオオミヤシは、プラスリン島とキュリューズ島に数千本が自生しているだけです。樹齢は800年、樹高は30mほどになります。雄花だけが咲く雄株と雌花だけが咲く雌株がある雌雄異株で、しばしばペアで育ちます。雄株の尾状花序は人の腕ほどの長さになり、男性器のような形をしていて、数千個の小さな黄色い花が咲きます。雌株にはヤシの仲間の中では最大の花が咲き、緑色の殻に包まれた巨大な実がなります。オオミヤシの雄株と雌株は魅力的なカップルで、地元の人々の間には、オオミヤシの夫婦の愛の営みを邪魔してはいけないから、夜に木を見にいってはいけないという言い伝えがあります。実際、実が落ちてくると危ないのです。1個の実には1個の巨大な種子が入っています。重さは30kgにもなり、もちろん世界で最も重い種子です。

　オオミヤシの種子は、どうしてこんなに重くなったのでしょう？　約7,000万年前のオオミヤシの祖先の種子もかなり大きかったのですが、母親の木から落ちた実を大型動物（おそらく恐竜）が食べ、種子を散布していました。その後、セーシェル諸島がインド亜大陸から分離し、種子を運ぶ動物がいなくなると、種子は母親のオオミヤシの木陰で発芽できるように適応しなければなりませんでした。とはいえ、オオミヤシの種子は栄養分を豊富に蓄えていたため、幼芽はぐんぐん成長して、光をめぐるほかの植物との競争に勝つことができました。やがてオオ

　ミヤシだけの森ができ、ほかの種との競争がなくなると、今度は兄弟姉妹の競争が始まります。競争に勝てるのは最も大きい種子を作る木なので、種子はしだいに巨大化していきました。この現象は「島嶼巨大化」と呼ばれ、ガラパゴス諸島の巨大なリクガメやインドネシアのフローレス島のコモドオオトカゲなどの動物も、同様のプロセスによって誕生しました。

　オオミヤシの扇状の葉は、数枚で屋根をふくことができるほど巨大です。葉が集めた水分と栄養分（空気中に漂う花粉や、この木に棲む珍しい黒いオウムの糞など）は、幹を伝い落ちて根に届きます。こうしてライバルの植物から光と栄養分と水を奪って巨大な実を作るのですが、若木が母親の木のライバルになっては困ります。オオミヤシの実は母親の木の真下に落ちます。スーツケース並みの重さの実は風にも動物にも運ばれず、ココナッツとは違い、海水に浸かると死んでしまいます。オオミヤシは、一風変わった方法で母親の木から離れます。実が地面に落ちてから半年以上たつと、殻が腐敗し、種子の「股」の部分から薄黄色の縄状の子葉が出てきてまっすぐ地中に潜ります。深さ15cm程度までくると今度は横向きに成長し、母親の木から3.5mほど離れたところまでくると、普通の葉と根が成長し始めるのです。ここまで離れれば、母親の木と競争になるおそれはありません。実生は数年間は種子の栄養分で生きられます。成長したオオミヤシは地中に直径約1m、深さ約0.5mの水切りボウルのような構造物を作り、ここから無数の根を出します。この構造物は、合計数百kgの種子をつける巨木を支える錨の役割を果たしているようです。

イラン
ザクロ
（ミソハギ科ザクロ属）
Punica granatum

ザクロは、古代エジプトや古代ギリシャの文書、旧約聖書、バビロニア・タルムード、コーランに頻繁に登場します。種子と果汁の多さは、常にザクロを豊穣の概念と結びつけてきました。現在栽培されているザクロの祖先は、数千年前にイランとインド北部の間の乾燥した丘陵地に自生していた木であったため、今日の栽培品種も日中の熱さと夜間の涼しさを好みます。深緑色のツヤツヤした葉をつけ、よく枝分かれした木の樹高は5〜12mで、寿命は長く、200年ほどです。じょうご状の硬い萼から緋色や深紅色の花弁が飛び出したザクロの花は、じつに見事です。

ザクロの果実の色は、桃色がかった黄色から光沢のあるバラ色やえび茶色までさまざまです。外皮は革のように丈夫で、収穫後も果実をよい状態に保つため、かつては長旅の間の軽食とされていました。果実が裂けると、クリーム色をしたスポンジ状の薄膜の中に数百個の種子がびっしり詰まっているのが見えてきます。種子は、透き通ったピンク色から濃い紫色の汁気の多い肉質種皮に包まれています。肉質種皮の甘酸っぱく、かすかに渋みがある味には、中の種子の木片のような食感や、種子を吐き出すべきか飲み込むべきかというジレンマを帳消しにするだけの魅力があります。

新鮮なザクロの果実やジュースや濃縮飲料は地中海西岸から南アジアにかけての広い地域で親しまれていますが、ザクロ文化を本当に大切にしてきたのはイランの人々です。専門の屋台ではさまざまな品種のザクロジュースが売られています。ジュースやアイスクリームにふりかけるためのザクロの種子は、新鮮なものと、乾燥させたものと、凍らせたものが山盛りに用意してあり、タイムをひとつまみ加える人もいます。秋にはザクロのフレッシュジュースを煮詰めて褐色の糖蜜にして、鶏肉とクルミのシチュー「ホレシュテ・フェセンジャン」を作ります。そしてもちろん、テヘランでは毎年ザクロ祭りが開催されます。

ザクロは健康によいとされています。昔から下痢や赤痢の治療や虫下しに利用されているほか、最近では、有益そうな抗酸化物質が含まれていることもわかっています。抗がん作用や老化防止などの極端な主張についてはさらなる検証が必要ですが、一心不乱に果実を食べることには、なんらかの心理的な利点があるかもしれません。

カザフスタン

マルス・シエウェルシイ
（バラ科リンゴ属）

Malus sieversii

DNA分析から、私たちが今日食べているすべてのリンゴの最初の祖先は、カザフスタン東部に広がる天山山脈の斜面の森林に自生するマルス・シエウェルシイという野生のリンゴの木だったことがわかっています。この木は、有名な品種の多くと共通の特徴を持っています。葉の形も、香りのよい純白または桃色がかった花をたくさんつける点も、よく似ています。個々の花はおしべとめしべがある両性花ですが、自分の花粉では受粉しない自家不和合性があり、受粉するためにはほかの木が必要です。果実は花柄の先端が肥大した「ナシ状果」で、尻の部分に花の名残を見ることができます。栽培品種との類似はここまでです。マルス・シエウェルシイは1つの種ですが、木の大きさや形には大きな多様性があり、その多くは意外なことに（そして収穫には不便なことに）樹高が非常に高いのです。ときどき、スーパーに陳列してもまったく問題ないような、ハチミツ、アニスの実、ナッツなどの風味のある大きく甘い実がなることがありますが、同じ木の隣の枝に小さくてしぶい実がなったりもします。

今から5千〜1万年前、リンゴはこの地ではじめて栽培植物化されたか、少なくとも意図的に植えられました。その頃から、好ましい性質を持つリンゴが徐々にシルクロード沿いに西に運ばれるようになりました。馬の体内を無事に通過し、糞と一緒に蹄で踏みつけられて土の中に埋もれた種子は、故郷から遠く離れた場所で生き抜きました。馬に乗って旅をする人々は、いちばんおいしいリンゴを携行し、食べ残した芯を道に投げ捨てながら進んでいきました。種子から生えてきた木は他家受精しましたが、その果実はやはり人の手の届きにくい高さになり、甘かったり酸っぱかったりしました。種子から育ったリンゴは親に似ないことが多く、同じ味の果実をつけることはめったにありません。

その後、接ぎ木の技術が開発されました。紀元前300年の古代ギリシャにこの技術があったのは確実ですが、紀元前1800年にメソポタミアで開発された可能性があります。好ましい果実をつける木から穂木をとり、矮性台木に接ぐことで、自然が偶然生み出したおいしさを確実に再現する、収穫しやすい高さの木を作り出したのです。現代のリンゴの木は、すべてこの方法で増やされています。

数世紀の時間の中で、よりおいしく、より大きいリンゴを求めて交配が繰り返され、数百種類の驚くほど多様な変種が作出されました。残念ながら、世界の農業は、ほんの数十種類の食用の栽培変種と、クローン化された約10種類の台木にしか目を向けていません。近親交配や同系交配が繰り返される中、リン

ゴの遺伝的多様性は、ゆっくりではありますが、確実に失われつつあります。これが問題なのは、将来、新しい形質が必要になる場合があるからです。例えば、病気への耐性の高さ、新しい風味、長期の保存に耐えられること、晩熟性、収穫しやすさ、干ばつへの強さなどの新しい形質を持たせたいと思ったときに、そうした形質を与えられるかもしれない遺伝子が失われているおそれがあるのです。そこで必要になるのが、現代のリンゴと近縁の野生のリンゴです。中央アジアの山の斜面に生えているマルス・シエウェルシイは、栽培変種から失われてしまった遺伝情報を持っているので、ここから再び交配を行わなければなりません。木は中央アジアの広い範囲に分散していて、種子は収集され、シードバンクに保管されていますが、生息地が失われつつある上、侵略してきた栽培品種との間で他家受粉が起きた結果、遺伝子が希釈されて危機的な状況にあります。

　リンゴは文化的にも宗教的にも重要な植物です。旧約聖書でイブが実をもいで食べたという「知恵の木」は、ブドウ、ザクロ、イチジク、はたまたレモンだったかもしれませんが、ふつうはリンゴとして描かれています。リンゴの祖先のほかにアンズ、ナッツ、スモモ、セイヨウナシなどの木もある天山山脈の森林は、商業的に重要であるだけでなく、はかり知れないほど貴重な遺伝情報を蓄えたエデンの園として、それ自体保護する価値がある場所です。

トウグワ（128ページ）もシルクロードと密接な関係があります。

シベリア

ダウリアカラマツ、シベリアカラマツ

（マツ科カラマツ属）

Larix gmelinii, Larix sibirica

地球最大の森林地帯は北方針葉樹林で、地球全体の森林被覆の約3分の1を占めています。これに比べれば熱帯雨林も小さく見えます。北方針葉樹林は北極圏を取り巻くように、シベリア、アラスカ、カナダ北部に広がっています。シベリアだけでも約780万k㎡の森林があり、タイガと呼ばれています。タイガのバイオマス（生物資源の量）は非常に大きく、莫大な量の炭素が閉じ込められていて、この地域の季節に応じて世界の二酸化炭素と酸素の濃度が大きく変動するほどです。タイガはカラマツの王国です。

エニセイ川は、モンゴルから北極地方まで3,200kmを流れる大河で、シベリアを東西に二分しています。エニセイ川より西は、フィンランドに至るまでシベリアカラマツの森が広がっています。東は、ユーラシア大陸の果てのカムチャツカ半島まで、近縁種のダウリアカラマツの森になっています。両種は生息地にわずかな違いがある程度で、互いに非常によく似ているのですが、枝の上に直立する赤みを帯びた球果によって識別できます。シベリアカラマツの球果には柔らかい毛が生えていて、ダウリアカラマツの球果は鱗片がわずかに外向きにカーブしているのです。カラマツの針葉は柔らかくて細く、水平方向に伸びる枝の上で数十本ずつ束になっています。外樹皮は、若木では銀色がかった灰色で、それが徐々に赤茶色になり、厚くなり、亀裂が入ります。内樹皮は美しい栗色です。

シベリアはとんでもなく住みにくい場所です。年間の気温の変動幅は100℃以上になることがあります。カラマツの樹高は、シベリア南部では30m以上になりますが、北極圏の近くでは発育が阻害されて5m程度にしかなりません。典型的には、突然短い春がきて、その後は2、3カ月だけ霜の降りない季節になり、気温が30℃以上になることもあります。冬は過酷です。場所によっては12月から3月までの月平均気温が−40℃にもなり、寒い夜には−65℃を下回ることもあります。土壌の表面からそう深くないところには永久凍土層が広がっています。世界で最も耐寒性があり、最も北で育つダウリアカラマツは、タイガの全域で広大な森林を形成し、ほかの植物を駆逐しています。

シベリアに自生するカラマツは、極寒の気候と液体の水の不足によく適応しています。高緯度地方の他の針葉樹と同様、ほっそりした円錐状の樹形は、雪を落ちやすくして枝への損傷を防いでいます。表面積の小さい針葉は水分の蒸発を減らすのに有効で、葉をロウで被覆することでも脱水を予防しています（ロウ

の粒子は非常に小さく、波長の短い青い光を散乱するため、葉は青みがかって見えます)。針葉樹には珍しく、カラマツは落葉します。夏の終わりに目の覚めるような黄金色になり、針葉を落として、水分の喪失をさらに防ぎます。秋には凍結を防ぐために生化学的な調整をします。厚い樹皮と木質部にテレビン油を蓄えたり、細胞内の水が凍結して細胞を破裂させることがないよう、水に含まれる糖分を増やしたりするのです。ダウリアカラマツの主根が永久凍土層に突きあたると、その根は死んでしまいます。その後は、浅いところの完全には凍結しない土壌に根系を張りめぐらせて生きてゆくことになります。

ロシア人は19世紀にシベリアカラマツの樹皮からすばらしい手袋を作っていたと言われています。樹皮から作った手袋は、デリケートなセーム革の手袋に匹敵し、夏に身につけると、より強く、涼しく、つけ心地がよいとされていました。カラマツ材は現在、建材や、外装材、ボートの材料、化粧板、製紙用パルプなどに広く利用されています。シベリア北東部よりもはるかにアクセスがよいフィンランドやスウェーデンには、大規模な農園があります。

シベリアの極寒に耐えるカラマツが、より温暖な地域の寒さに耐えられないのは皮肉なことです。西ヨーロッパでは、春の気配を感じるとすぐに発芽してしまうため、その後の寒の戻りで霜にやられてしまうのです。不屈のカラマツも不確実性だけは苦手なようです。

ゴア（インド）
カシュー
（ウルシ科カシューナットノキ属）

Anacardium occidentale

カシューの原産地はブラジルです。トゥピ族などの先住民によって早くから栽培されていましたが、17世紀初頭にブラジルにやってきたポルトガル人の入植者たちがその価値に気づき、王国中に広めました。カシューはこうしてアフリカ東部のモザンビークやインド西岸のゴアにたどり着いたのです。

カシューは常緑樹で、よく広がった枝に革質の葉が茂ります。野生の木は樹高15mほどになりますが、農作業を楽にするために交配を重ね、矮性の木が作られました。小さな花が咲いたあと、花柄が肥大して果実のような「カシューアップル」になります（ここで「果実のような」と言うのは、中に胚珠のある子房が肥大したものが果実と定義されているからです）。カシューアップルは小さめの洋ナシほどの大きさで、渋みはあるものの十分食べられ、これを散布してくれる動物を引き寄せます（トゥピ族の言葉でカシューは「acajú」と呼ばれていますが、これは「口がすぼまる」という意味です）。カシューの種子であるカシューナッツは、カシューアップルの中ではなく、その下についているミニチュアのボクシンググローブのような硬いもの（これが本物の果実）の中に入っています。果実をうかつに割るとひどい目にあいます。硬い殻は二重になっていて、その間にカルドールやアナカルジン酸を含む腐食性の油が入っているからです。殻を割ってこの油に触れると、みるみるうちに水疱ができたり腫れたりします。同じウルシ科のポイズンアイビー（*Toxicodendron radicans*）にも、よく似た物質が含まれています。この油に守られているおかげで、カシューアップルと一緒に地面に落ちた果実は、動物に食べられることなく、親の木と競争にならない程度の距離まで運んでもらうことができるのです。

人間が食用にするためには、有害成分を除去するために果実を蒸して殻を剥き（いわゆる「生カシューナッツ」も、ここまでの加熱処理はしてあります）、出てきた種子をローストします。カシューの種子がすばらしい食料であることを最初に発見したトゥピ族とアラワク族の人々は、よほど工夫の才があったのか、命知らずだったのでしょう。安全な食べ方を編み出すまでの試行錯誤は、かなりの苦痛を伴ったにちがいありません。ゴアの人々はカシューアップルからフェニーという蒸留酒を作ります。カシューナッツを保護する腐食性の油ほどではありませんが、かなり強烈なお酒です。

ブラジルボク（182ページ）もポルトガルと深い縁があります。

114

インド
ベンガルボダイジュ
（別名バンヤンジュ、クワ科イチジク属）
Ficus benghalensis

　その生物学的同胞であり、象徴的には夫とされているインドボダイジュ（122ページ参照）と同様、ベンガルボダイジュはインド亜大陸の原産で、寺院では聖なる木として崇められ、村では集会場になっています。ベンガルボダイジュは地球上で最大の樹冠を持つ木です。英語では「banyan（バンヤン）」と呼ばれ、この木の下で屋台を出していた「banian（バニヤン）」と呼ばれるヒンドゥー教徒の商人に由来しています。

　巨木の一生は、別の種類の木の湿り気のあるくぼみに、鳥やコウモリやサルが、少しばかりの肥料（糞）と一緒に種子を落としていくことから始まります。ベンガルボダイジュは、ほかの植物の表面で生育するものの、独自に栄養分や水を得て成長する「着生植物」として出発するのです。発芽した木は大急ぎで地面に向かって細い根（気根）を下ろします。気根が地面に到達して栄養を取り込めるようになると、木は大きく成長していきます。気根はやがて宿主の木の幹を包み込み、互いに結合（吻合）して、密生し、滑らかな、灰色の網を形成します。絡みつくベンガルボダイジュに枝や葉まで覆い尽くされた宿主の木は、最終的には枯死してしまい、しばしば奇怪な形をした気根の拘束服だけが残ります。中の空間は、かつて宿主の木があった場所です。18世紀から19世紀にかけての探検家たちは、東洋のエキゾチックで危険な事物の例として、ベンガルボダイジュなどのイチジク属の「絞め殺しの木」を紹介し、その大いに脚色された記述は西洋の読者を熱狂させました。

　成熟したベンガルボダイジュは、枝から細い気根をカーテンのように垂らします。地面に到達した気根の一部は大きく成長して支柱根となり、枝に栄養を供給し、支えになります。木はこのようにして上ではなく横に広がり、広い面積を覆うようになるのです。最大の木はアナンタプルとコルカタにあり、いずれも1.8ha以上の面積を覆い、数千本の支柱根に支えられ、周囲は0.8kmにもなります。

カポック（80ページ）の木陰でも集会が開かれていました。

インド
ビンロウ
（ヤシ科ビンロウ属）

Areca catechu

ビンロウは、樹高30m以上になる木では考えられないほどほっそりしていて、幹には葉が落ちた痕跡である特徴的な横縞があり、竹に似ています。濃いオレンジ色の果実を大量につけ、1個の果実にはナツメグによく似た大理石模様の種子が1個入っています。この木がインドから熱帯アジアを横切ってフィジーまでの大規模農場で栽培されているのは、「ビンロウジ（檳榔子）」と呼ばれる果実（と、そこに含まれる化学物質）をとるためです。世界の年間生産量は100万トン以上で、その約2/3がインドで生産、消費されています。

ビンロウジは、コウスイガヤ（熱帯アジア原産のイネ科の香料植物）やクローブに消毒剤の臭いを足し、タンニンで思いきり渋くしたような味がします。けれども味は二の次です。ビンロウジにはアレコリンを始めとする各種のアルカロイドが含まれていて、口に入れて噛んでいるうちに粘膜を通じて吸収されて、軽い多幸感や、覚醒度の高まりや、ほっとするような暖かさをもたらすからです。アジア全域で数百万人がビンロウジを日常的に摂取しています。その大半が社交の潤滑剤としての使用ですが、長距離トラックの運転手の多くが、食後の眠気を防ぐための消化薬として（気がかりなことですが）習慣的に用いています。

インドの街頭には、ビンロウジを削ったものをキンマ（*Piper betle*）という植物のハート形の葉で包み、消石灰を少量加えた「パーン（paan）」を専門に売る「パーンワラー（paanwallah）」と呼ばれる物売りがいます。消石灰を加えるのは、混合物をアルカリ性にすると、薬物成分が出やすくなるからです。パーンワラーは、怪しげな壺や飲み物を載せた盆を前に置いて座り、客に愛想よく応対しながら、カルダモン、シナモン、ショウノウ、タバコなどの風味のパーンを勧めます。パーンの包みは口に入れて噛んでいるうちに赤くなり、大量の唾が出てきますが、これは飲み込まずに吐き出さなければなりません。吐き出すと口の中はさっぱりしますが、足元は鮮血のような唾で汚れるので、アウトドア文化向きの習慣と言えるでしょう。口紅がなかった時代には、ビンロウジは唇を赤く染めるのに使われていましたが、使いすぎると歯の色がくすみ、最終的には黒くなってしまいます。けれども美意識は場所によってさまざまです。19世紀のシャム（今日のタイ）では黒い歯が好まれ、黒い入れ歯があったそうです。インドでは今でもビンロウジの使用が増えていますが、ほかの国では横ばいです。各種のがんとの関連が報告されたり、より積極的に販売されているタバコに取って代わられたりしているからです。

インド
インドセンダン
（別名ニーム、センダン科アザディラクタ属）
Azadirachta indica

インドセンダンは、インドの田舎にいけばいくらでも見ることができます。魅力的な常緑高木で、気持ちよい木陰を作り、乾燥地域でも、不毛の土地でさえよく育ちます。ハチミツの香りがする白く小さな花はミツバチを引きつけ、緑がかった黄色をしたオリーブに似た果実がなります。この果実から、伝統医学や民間伝承で重要な役割を果たす「ニーム油」がとれます。ニーム油は、ユダヤ人のチキンスープや東南アジア人のタイガーバームと同様、自家製の万能薬としてインド文化の中で親しまれてきました。歯ブラシの代わりにインドセンダンの小枝を嚙んで歯磨きをするインド人は大勢います。また、インドの貧しい村の家の戸口には、家族のお守りとして、この木の鋸歯状の葉を紐に通したものがはためいています。

インドセンダンの評判のうち、どこまでが迷信で、どこまでに科学的根拠があるのでしょうか？　分析の結果は、この木の抽出物に多種多様な抗菌化合物が含まれていて、昔から伝えられている薬効の多くに根拠があることを示しています。けれども、この木が本当に優れていて、一流の科学誌でも根拠が認められているのは、昆虫の行動を変える能力です。

昆虫が木を見るときには、疑いなく「食べ物」としてとらえています。逃げも隠れもできない木は、昆虫に食べられないように多くの防衛機構を編み出しましたが、なかでもインドセンダンは手の込んだやり方をします。葉や樹皮やニーム油に駆虫効果のある生化学物質やステロイド様化合物を含有していて、木を攻撃する昆虫のライフサイクルに深刻な影響を及ぼすのです。巧妙なことに、花や花蜜にはこれらの化学物質は含まれていないので、ミツバチなどの送粉者が影響を受けることはありません。

昆虫はインドセンダンの抽出物を忌避し、イナゴの大群でさえ、これで処理した作物は避けていきます。多くの昆虫は、変態や摂食などの重要な行動を乱す化学物質を摂取するよりも、飢え死にすることを選ぶからです。インドセンダンは、カを始めとする多くの飛翔性昆虫に対する駆虫効果が高く、わずか10ppmという低濃度で効果を発揮します。ですから、田舎の家の戸口ではためいているインドセンダンの葉には、本当に家を守る効果があるのでしょう。

インドセンダンの抽出物は、合成殺虫剤ほどは生態系に悪影響を与えないようです。おそらく生物の体内で分解されるだけでなく、1週間ほど日光を浴びるだけでも分解されるからです。合成殺虫剤に比べて抵抗性を生じにくいという長

所もあります。1つの有害作用で即座に虫を殺す合成殺虫剤とは違い、インドセンダンの抽出物では、複数の化学物質が昆虫の生命活動の別々の側面を同時に破壊するからです。なお、この物質は魚には有害ですが、人間などの温血動物にはほとんど影響を及ぼさないようです。人々は何千年も前からインドセンダンの果実を食べ、抽出物を化粧品やクリームに使い、トコジラミの駆除のために子どもの寝具に吹きかけたりしてきました。

　インドセンダンの木そのものにも駆虫効果があるため、インドではワタと一緒に、西アフリカでは野菜畑に植えられています。駆虫効果に優れ、生分解性があり、安全で、安価で、持続可能性が高いニーム油は、なぜ世界中に普及しないのでしょうか？　ニーム油を生産するためにインドセンダンの木を植えれば、環境にもよいはずなのに？　理由は科学ではなく経済学にあります。インドセンダンは古くから使用されているため、企業が商品の特許を取得しにくいのです〔訳注：アメリカの企業がニーム製品の製法についてヨーロッパ特許を取得して権利を行使しようとしたところ、インド政府などが欧州特許庁に特許無効審判を提起し、特許が無効とされるという事件も起きている〕。企業は、独占的な権利を主張できない商品について、規制当局から許可を得たり、宣伝したり、流通させたりする費用を負担したがりません。その点、特許を取得できる合成化合物なら、効果が低かろうと、有害であろうと、販売して利益を上げることができます。自由市場は必ずしも正しい方向に動くものではないようです。

インド

インドボダイジュ

（クワ科イチジク属）

Ficus religiosa

インドボダイジュはパキスタンからミャンマーまでを原産地とし、インド中部と北部の風土や文化に特によく根づいています。無数の小説や映画に真実味を与える背景となってきただけでなく、仏教徒、ヒンズー教徒、ジャイナ教徒にとっての聖なる木でもあります。ですからインドでは、この木が1本もない村も、木陰に寺院がない木もめったにありません。現地の言葉では、祈りにいくことを婉曲に「インドボダイジュの木を訪れる」と表現するほどです。

インドボダイジュの成長は速く、寿命は数千年と言われています。若木の幹は滑らかで、うっすらと横縞がありますが、歳月を経るにつれてまだら状に剝けてきて、縦の溝が入り、基部が広く張り出してきます。しばしば外側に気根が出て強度と安定性を高め、ほかの植物や動物の隠れ家になります。真冬に落葉し、4月には、ほかの多くの樹木と同様、朱色や銅色やピンク色の若葉が萌え出します。昆虫やその他の草食動物は柔らかい若葉を好んで食べるため、こうした木は、葉が十分な硬さになるまで、貴重な葉緑素を持たせないでおくのです。葉緑素がない未熟な葉には栄養分が少ないため、昆虫にはあまり好まれません。もちろん、葉の色を赤くするにもそれなりの投資は必要ですが、赤い色は昆虫には見えにくいため、食べられる可能性をさらに低くする効果があります。成熟した葉は合皮のような質感で、表側はつややかな緑色になり、裏側は光沢のない薄い色になります。黄緑色の葉脈がよく目立ち、光に透かすと美しく見えます。大きさは人間の手ほどで、三角形に近いハート形です。葉の先端は細長く、雨水が速やかに流れ落ちるようになっています。水滴が葉の表面に長くとどまっていると、ミネラル分が失われたり、着生植物が育って光を奪われたりするからです。葉柄が長く柔軟なのでかすかな風にも大きくそよぎ、夜の静寂の中では、特徴的な葉ずれの音がよく聞こえます。

紀元前6世紀の終わり頃、ゴータマ・シッダールタ（ブッダ）は、インドボダイジュの木陰で瞑想していたときに悟りを開いたと伝えられています。現在ブッダガヤと呼ばれているこの場所は、インド北東部のビハール州にあり、大きな寺院が建っています。聖なるボダイジュもあります。ブッダが瞑想をした木そのものはすでに失われているのですが、紀元前288年にこの木の枝をスリランカのアヌラダプラに持っていって挿し木をしたものがあるため、その枝をインドに持ってきて挿し木をしたのです。

ヒンズー教では、3柱の主神ブラフマー、シヴァ、ヴィシュヌのそれぞれがイ

ンドボダイジュと密接な関係にあり、土曜日に女性がこの木の幹のまわりに紐を結ぶと女神ラクシュミーから多産と富を授かると信じられています。さらに、インドボダイジュがインドセンダンに絡まることは特別な吉兆とされ、木のカップルのために象徴的な結婚の儀式が執り行われることもあります。その場所に神殿がなければ、新たに建設されることになります。

　インドボダイジュはイチジク属の植物なので、果実のような多肉質の球形の袋（花嚢(かのう)）が枝にできます。花嚢の内側には無数の小さな花が咲き、小型のハチが花粉を運んで授粉します。すると花嚢が肥大して果嚢となり、緑がかった黄色から、濃い紫色を経て、真っ黒になります。大きさはサクランボほどで、よほどのことがないかぎり人間が食べることはありませんが、ムクドリやコウモリはこれを好んで食べ、湿り気のある木の割れ目や壁の裂け目に種子を落として発芽させます。信心深い人や迷信的な人にとっては、これは大問題です。伝統的に、インドボダイジュを切ることは聖者を殺すことより大きな罪とされているため、土台を損傷するおそれがあっても若木を除去することができないからです。世界中のもっと多くの木が、そうしたタブーに守られればよいのですが。

アメリカヤマナラシ（211ページ）の葉柄も長くて薄く、かすかな風にも大きく葉を震わせます。

123

中国

トウザンショウ
（ミカン科サンショウ属）

Zanthoxylum simulans

トウザンショウは英語では「Szechuan Pepper（セチュアン・ペッパー）」と言い、直訳すると「四川風コショウ」になりますが、「chili pepper（トウガラシ）（チリペッパー）」とも、「bell pepper（シシトウガラシ）（ベルペッパー）」とも、「pepper（コショウ）（ペッパー）」とも無関係です。トウザンショウなどから作られる香辛料「花椒（かしょう）」は、人体に不思議な作用を及ぼします。

トウザンショウは中国北部から中部にかけての丘陵の森に生える低木で、樹皮は棘（とげ）に覆われています。幹や大きい枝では棘が木質化し、爬虫類のような見た目になります。夏には、光沢のある濃い緑色の複葉によく映える、白く小さな花が咲きます。やがて小さくて丸い、乾燥した緑色の果実ができ、熟してくると赤くなり、これが裂開してツヤツヤした黒い種子が顔を出します。種子を包む殻には「サンショオール」という物質が含まれていて、私たちの感覚にいたずらをします〔訳注：名前から明らかなように、サンショオールは日本人が発見した〕。

ミントを口に入れると、実際には冷たくなくても冷たく感じます。トウガラシは実際には温度変化を起こさなくても熱さを感じさせます。これはミントに含まれるメントールやトウガラシに含まれるカプサイシンが体内の温度センサーを刺激して、冷感や熱感を引き起こすからです。花椒を料理に使う中国、チベット、ネパール、ブータン以外の国ではあまり知られていませんが、これを口にするとピリピリという振動を感じます。辛抱強いボランティアの唇に微量の花椒をつけると、多くの人が、唇と舌に50ヘルツ（1秒間に50回）の振動を感じました。「9ボルト電池を舐めたような感じ」と報告した被検者もいました（わかる人は多いのでは?）。大量の唾液の分泌と痺れも伴います。この感覚は一時的なものですが妙に楽しく、はじめての人は気づかないうちによだれを垂らしていることもあります。アメリカ先住民は歯の痛みを打ち消すために近縁のアメリカザンショウ（*Zanthoxykum americanum*）を使います。刺激と感覚の対応を研究する精神物理学という学問分野では、痛みの理解と管理に役立てるためにサンショオールの研究が進められています。

トウザンショウがサンショオールを産生するようになった理由は不明です。最近の実験により、サンショオールが除草剤の害からイネの苗を保護することが示されているので、おそらく植物の防御機構を担っているのでしょう。ちなみに、中国人はサンショオールによるピリピリと痺れる感覚を、簡潔に「辣（ラー）」と表現します〔訳注：「ラー油」の「ラー」である〕。

中国東部
トウグワ
（クワ科クワ属）
Morus alba

クワには、広範囲に分布し、密接に関連する種が2つあります。どちらも中ぐらいの大きさの木で、どこか愛嬌のある、ねじ曲がった幹をしています。1つはハート形のザラザラした葉を持つクロミグワ（*Morus nigra*）で、もう1つは滑らかな葉を持ち、世界の歴史を変えたトウグワです。

クロミグワはアジア南西部の原産で、人間に栽培されたり、鳥に種子を散布されたりしてヨーロッパ中に広まりました。果実は甘みと酸味のバランスがよくておいしいのですが、触れたものすべてに染みをつけます。シェイクスピアの言葉を借りれば、クワの実は「触れた途端に潰れ」てしまい、傷みやすいので販売されることもめったにありません。

中国東部を原産地とするトウグワの果実はベージュから薄紫色で、甘いけれどもおいしくはありません。その葉はカイコ（*Bombyx mori*）の幼虫の理想的な食料です。今から4,500年以上前に、野生のクワコ（*Bombyx mandarina*）というガを飼育し、その繭から生糸をとる養蚕を考案したのは中国人でした。彼らはクワコの交配を繰り返し、徹底的に家畜化したため、人間の手を借りないと生きられず、成虫になっても異性を探すために飛んでいくことさえできないカイコという新種が誕生しました。カイコの幼虫は養蚕台の上に置かれたクワの葉をたっぷり食べて育ち、やがて口からタンパク質の繊維を吐き出して繭を作ります。繊維の太さは100分の1mm、長さは800mもあります。断面は三角形で、プリズムのように光を反射したり屈折させたりすることで、独特の光沢を生じています。この繊維を巻き取り、紡いだものが生糸です。

毛織物や麻織物の感触しか知らなかった人々がはじめて絹織物に触れたとき、そのなめらかさをどう感じたでしょう！　光沢のある贅沢な布地への需要は非常に高く、約2,000年前の漢の時代に、絹の交易路が整備されました。シルクロードです。この道は中国と中央アジアを陸路と海路で結ぶネットワークとなり、続いて、韓国と日本を、インド、アラビア、ヨーロッパと結びつけました。シルクロードは商品と知識を運び、途中のあらゆる文明の経済的・文化的な発達に貢献しました。

中国は何百年もの間、外国の産業スパイから養蚕の秘密を守ってきました。カイコやクワの種子の持ち出しを禁止し、密かに持ち出そうとする地元民は死刑にするというやり方でした。死刑の恐怖がなくなった今日でも、世界の生糸のほとんどが、昔ながらの方法で中国で生産されています。

日本

ウルシ
（ウルシ科ウルシ属）

Toxicodendron vernicifluum

ウルシの樹液は、洗練された工芸品の塗料として役に立ってきた反面、恐ろしい歴史にもかかわっています。ウルシは標高3,000mまでの山々や丘陵の森に生え、幹はまっすぐで、樹高は20mほどになります。樹冠は均整のとれた形で、大きな複葉の裏には毛が生えていて、エンドウ豆ほどの大きさの皺のある果実をつけます。若い木はとても美しいのですが、60年ほどたった木は枝がまばらになり、あまり優美ではありません。

ウルシは中国中部の原産で、日本には5,000年ほど前に入ってきました。日本の職人たちは漆塗りの技術を代々改良し、芸術の域にまで高めました。漆工芸は17世紀には非常に重要な産業になったため、1868年の明治維新まで、樹液を採取する木はすべて登録しなければなりませんでした。ウルシの木を傷つけたり、樹液をあまり頻繁に採取したりした者には重い罰が与えられ、所有者でさえ、枯れた木の切り株を除去する際には役所から特別な許可を得なければなりませんでした。今日では、日本の漆工芸に使われる生漆の大部分が中国から輸入されています。

漆塗りの工程は、夏至の頃にウルシの樹皮に幾筋もの平行な傷をつけ、滲み出てくる黄色い樹液を掻き取る「漆掻き」という作業から始まります。１本の木から１年に採取できる樹液はわずか250ccほどで、３、４年採取したら木を休ませます〔訳注：日本では、10年ほど育てた木から数カ月かけて樹液を採取し尽くし、木は伐採してしまう「殺し掻き」という方法が主流である。その切り株から出てくるひこばえを、また10年かけて育てるのだ〕。樹液から不純物を取り除き、熱処理し、緋色の辰砂（水銀と硫黄からなる鉱物）や煤や金属粉などを混ぜて、木や竹や紙の素地に塗り、磨き、乾燥させる工程を何度も繰り返します。意外なことに、漆を乾かして硬化させるには、湿った空気が必要です。空気中で高分子化して、透明で、硬く、耐水性のある表面を形成する漆は、プラスチックが発明されるまでは、夢のような材料でした。漆工芸の一部の技法や添加剤の詳細については、今日でも秘密とされています。

特別な漆製品になると、何カ月もかけて、漆を何十回も塗り重ねていくことがあります。金箔や和紙なども使った、手の込んだ楽器や屏風や宝飾品や箱や椀は、えも言われぬ美しさです。

「毒の木」を意味する学名を持つウルシ属の植物には、困った側面もあります。樹液の主成分であるウルシオールという物質が非常に厄介なのです〔訳

131

注：サンショオールと同様、この物質も日本人によって発見された］。ウルシの近縁種のポイズンアイビーの恐ろしさは、北米ではよく知られています。5世紀には中国の学者が、農夫やウルシに触れる仕事をする人々の職業病としての皮膚炎について記録しています。液体のウルシオールは激しいかぶれを引き起こし、ウルシオールの蒸気でさえ、数カ月も残る痒みを引き起こします。なお、ウルシオールは硬化してしまえば安全なので、漆器に食品を貯蔵しても問題ありません。

ぞっとするような利用法もありました。日本の東北地方では、密教の僧侶が即身仏となって悟りを開くためにウルシが使われていたのです。即身仏への道は数年がかりでした。まずは食物の摂取量を徐々に減らし、植物の種子や実や根や樹皮だけを食べるようにして痩せていきます。そして、ウルシの樹液から作ったお茶を飲んで、自分をミイラ化させてゆくのです。体内の水分量を極限まで減らし、ゆっくりと死んでいく僧侶の体は、腐敗せず、毒のせいかウジもわきません。死亡から3年後に墓が開かれ、まれに遺体が分解されずに残っていると、即身仏になったと見なされます。この風習は自殺幇助であるとして19世紀末にようやく法律で禁じられましたが、日本のいくつかの寺院には、今でも驚くほど保存状態のよい即身仏が安置されています。

カシューナッツの殻にもウルシオールに似た物質が含まれています（114ページ）。

日本
ソメイヨシノ
（バラ科サクラ属）
Prunus × yedoensis

　日本人にとって、観賞用のサクラ以上に大切な木はありません〔訳注：ここで「観賞用の」とあるのは、欧米ではサクラと言えばサクランボを生産するためのセイヨウミザクラをさすからだ〕。サクラには野生種や交配種が何百もあり、花の色も白から深紅色までさまざまですが、最も一般的なのは花弁が5枚のソメイヨシノです。ソメイヨシノは傘状の樹形の落葉樹で、春になると葉が出る前に花が咲きます。花の色はほぼ純白で、花柄の付近だけ薄紅色をしています。絢爛と咲きほこるサクラの美しさは圧倒的ですが、1週間たらずであっけなく散ってしまいます。日本人は、仏教的な無常観に通じる儚さゆえに、サクラをいっそう美しいものと感じます。サクラの花は、日本人の精神に染みついた「物の哀れ」の情感を体現する存在なのです。

　サクラの花を眺めながら野外で食事をする遊びは「花見」と呼ばれ、1,000年以上の歴史があります。もともとは貴族の遊びでしたが、江戸時代に庶民にも広まり、今日ではほとんどの人が花見を楽しむようになりました。東京の皇居のお堀の水面は、3月末の数日間はサクラの白い花びらに埋め尽くされ、カップルが乗る手漕ぎボートが黒々とした航跡を残していきます。花見の時期の都市公園は家族連れで賑わい、子どもも会社員も花見を楽しみにしています。サクラの開花時期が近づくと、ニュースは連日、桜前線の北上状況を詳しく解説するようになります。実際、日本では桜祭りの開催時期の記録がよく残っていて、世紀をまたぐ気候変動の記録として利用されているほどなのです。

　改めて見てみると、サクラは日本のほとんどの学校、公共施設、寺院、川岸に植えられています。単純に花が美しいからではなく、文化的、宗教的、政治的に大きな意味があるからです。サクラの花は、着物、便箋、瀬戸物、郵便切手、硬貨などに描かれているほか、刺青の代表的なモチーフにもなっています。サクラは日本人のアイデンティティと密接に絡み合っていて、日本人のナショナリズムの昂揚のために利用されることもありました。第二次世界大戦の最初の神風特攻隊には「山桜」という部隊がありました〔訳注：本居宣長の歌「しき嶋のやまとごゝろを人とはゞ朝日にゝほふ山ざくら花」にちなんで「敷島隊」「大和隊」「朝日隊」「山桜隊」と命名された〕。生き様の美しさと散り際の潔さから、武人はサクラに喩えられました。

タイ
パラゴムノキ
（トウダイグサ科パラゴムノキ属）
Hevea brasiliensis

熱帯の森林は雑多な樹木の寄せ集めです。多くの種は1haあたり数本しかなく、お互いに距離をとることで病害虫の被害の広がりを抑えています。近くに交配相手が少ないため、交配の成否は、すべての木が同時に開花できるかにかかっています。そのためには共通のカレンダーが必要です。赤道直下では1年を通じて1日の長さの変化がほとんどないため、日照時間の長さから開花すべき時期を知ることができません。そこでゴムノキは、春分や秋分の頃の日差しがわずかに強くなったときに開花します。同じ地域のゴムの木が一斉に開花し、刺激臭のある黄色いベル型の小さな花が円錐状に咲くと、ユスリカやアザミウマが忙しく花粉を運びます。果実は3室にくびれていて、熟すと裂開し、まだら模様の大きな種子を撒き散らします。種子は近くの川に浮かんで運ばれ、硬い殻がピラニアに割られなければ、離れた場所で発芽します。

熱帯の樹木の多くがラテックスと呼ばれる乳液を産生しますが、有名なのはパラゴムノキです。この木はブラジル、ベネズエラ、コロンビアのアマゾン川とオリノコ川流域に自生し、先住民が「cauchu（カウチュ）（涙を流す木）」と呼んでいたことから、ヨーロッパでは「caoutchuouc（カウチューク）」と呼ばれます。ラテックスは水中に約50％のゴムの微粒子が分散したもので、樹皮の乳液系に蓄えられ、木が傷ついたときに滲み出し、速やかに固まって傷口を塞ぎます。人間が樹皮にジグザグに傷をつけてラテックスを採取するときには凝固防止剤を加えています。

1531年、スペインの宮廷に連れてこられたアステカ族の人々がバスケットボールの原型となった球技を披露し、宮廷を沸かせました。スペイン人をなによりも驚かせたのは、よく弾むゴムボールでした（ちなみに、このボールの原料のラテックスはパラゴムノキのものではありませんでした）。1770年代には、英国人がパラゴムノキのラテックスを固めて、鉛筆で書いた文字をこすって消せる「インドゴム」を作りました。今で言う消しゴムです。ロンドンでは小さなインドゴムが1個3シリングで売られました。当時としてはかなりの額です。1823年には、スコットランド人のチャールズ・マッキントッシュが、溶かしたゴムを布地に塗った防水布（ゴム引き布）を発明しましたが、アマゾン川上流域に住んでいた部族は、その何世紀も前からゴムを使って靴を成形していました。

木から採取したままの生ゴムで作ったゴム製品は、冬にはひび割れ、夏にはベタベタになりました。1839年にはアメリカのチャールズ・グッドイヤーが、生ゴムに硫黄を加えて加熱すると、丈夫で、極端な温度にも耐えられるようになるこ

とを発見しました。加硫ゴムは、ポンプ、蒸気機関、櫛、コルセットなど、あらゆるものに使われました。かの「切り裂きジャック」も、足音を立てずに犠牲者に忍び寄るためにゴム底のブーツを履いたと言われています。やがてゴムへの需要は供給を大幅に上回るようになり、ゴムの価格は高騰しました。一儲けを企む男たちがアマゾンに殺到し、野生の木の所有権を主張して乱開発する「ゴムラッシュ」が始まりました。1876年には英国人のサー・ヘンリー・ウィッカムが、ブラジルからパラゴムノキの種子を7万個も持ち出しました。英国人はキューガーデンで育てたゴムノキの苗木をアジアの植民地に配り、今日のゴムのプランテーションの基礎を築きました。これを恥ずべきバイオパイラシー（生物資源の海賊行為）と呼ぶか、企業家の先見の明と呼ぶかは見方によります。

　ゴムは車輪も変えました。1888年には、英国人のジョン・ボイド・ダンロップが自転車用の空気入りタイヤの特許を取得し、20世紀初頭には、自動車用のタイヤ、パッキン、ガスケット、マット、ホースが、ファイアストン、グッドイヤー、ミシュラン、ピレリなどを大企業にし、自動車の時代が始まりました。

　1928年にはヘンリー・フォードが、極東でのゴム生産を独占する英国を出し抜いてアマゾンからゴムを供給しようと、ブラジル政府から提供された100万haの土地に1万人以上が住む先進的なプランテーション都市「フォードランディア」を建設しました。けれどもこのプロジェクトは短期間で失敗に終わりました。黄熱病とマラリアと文化の相違（フォードは労働者にアルコールとたばこと女遊びとサッカーを禁じました）が、地元の労働者の勤労意欲を削いだからです。さらに経営側も植物のことをよく理解しておらず、合わない土壌に過密に植えられた木には南米葉枯病と害虫被害が広がりました。1934年に放棄されたフォードランディアは、今も廃墟として残っています。

　東南アジアの生ゴムは1930年代末には毎年100万トンも輸出され、アメリカにとって最も重要な輸入品になりました。やがて第二次世界大戦が始まり、ゴムのプランテーションの大半が枢軸国の支配下に置かれると、化石燃料やその副産物から合成ゴムを製造する技術が緊急に開発されました。今日では天然ゴムと合成ゴムの生産量はほぼ同じですが、両方とも環境に優しい材料ではありません。天然ゴムのおもな産地であるタイとインドネシアでは、広大なプランテーションでゴムノキを栽培してラテックスを採取していますが、熱帯の生態系に悪影響を及ぼし、葉枯病の脅威にさらされています。一方、合成ゴムの原材料は環境を汚染する物質です。どちらの製造にも大量のエネルギーと水が必要ですが、コンドームや車のタイヤがなかったら私たちはどうなってしまうでしょうか？

パラゴムノキの莢ははじけて種子をまき散らしますが、スナバコノキの果実のはじけ方は段違いの激しさです（190ページ）。

137

マレーシア
ドリアン
（アオイ科ドリアン属）

Durio zibethinus

 と げとげの鎧をまとった、重さ6kgにもなる果実をつける木にしては、ドリアンはすらりとしています。葉は長楕円形で、先端が尖り、真ん中にはよく目立つ葉脈が走っています。葉の表側は滑らかで黄緑色、裏側は鈍い銅色で、微風を受けてちらちらと光ります。低地の密林に生え、樹高は45mにもなり、まっすぐな幹からほぼ水平に細く強靭な枝が伸びる、木登り好きにはたまらない木です。花は大きくて真っ白で、幹と大枝から束になってぶら下がり、バターか傷みはじめの牛乳のような匂いがします。この花は、特定の送粉者を引きつけるために進化した花の典型です。ハチを引き寄せられるかもしれないので昼下がりに開花しますが、仕事をするのはおもに夜です。大量の甘い花蜜と引き換えに、コウモリに花粉を遠くまで運ばせるのです。

 よく知られているように、ドリアンの果実は好き嫌いがはっきり分かれます。実際、とんでもない果実です！　太い果柄の先に複数個ずつでき、わずか14週間ほどでラグビーボール以上の大きさになり、成熟します。英語では「durian」と呼ばれていますが、そのもとになった「duri」というマレー語は「棘」を意味します。果実を保護する黄緑色の外皮は木質に近く頑丈で、鋭く尖ったピラミッド型の棘に覆われています。棘は果実の表面を埋め尽くすように生えているため、果柄が折れてしまうと、果実を持ち上げるのはたいへんです。熟した果実が割れると、白く、やや繊維質の中果皮が顔をのぞかせます。中果皮は4〜5室に分かれていて、それぞれにカスタードイエローの大きな果肉がぎっしり詰まっています。果肉の中には大きい種子が数個ずつ入っています。ドリアンの果実は強烈な匂いで有名です。この匂いでイノシシやサルなどの大型哺乳類を引きつけて、親の木から遠い場所まで果実と種子を運んでもらうのです。ゾウも、ドリアンの果実が木から落ちてくるのを辛抱強く（そして勇敢に！）待っています。大型哺乳類がドリアンを食べてくれれば、いくつかの種子は丸呑みされ、かなり遠くまで運ばれて、山盛りの肥料と一緒に地面に落とされます。

 もう少し小型の哺乳類もドリアンを好みます。ホモ・サピエンス（ヒト）です。ドリアンの原産地はインドネシアとマレーシアですが、人間に気に入られたおかげで、タイ、インド南部、オーストラリア北西部でも栽培されるようになりました。極東にはドリアンをめぐる独特の文化があります。ドリアンを買いつけるバイヤーたちは、ドリアンに耳をあてながら爪で外皮を引っ掻いて、果肉が中果皮から剝がれているかどうかを確認します。ドリアンの味と匂いは強い感情を揺り起こしま

す。英国の作家アンソニー・バージェスは、ドリアンの味を「トイレで食べる甘いラズベリーブランマンジェ」と表現しました。また、アメリカ人のシェフでキャスターのアンソニー・ボーディンの「口の中が、死んだおばあちゃんとディープキスをしたような匂いになる」という言葉は、多くの場所で引用されています。

　ドリアンを密室に持ち込むと、その匂いは耐えがたいものになります。マレーシアやシンガポールでは、ホテルや航空機内へのドリアンの持ち込みを禁じる掲示がよく見られます。けれども味はおすすめです。ドリアンの実物を知らず、評判だけを聞いて育ってきた西洋人は、その味に対して偏見を持っているため、好ましく思わない人が少なくありません。けれども、19世紀の偉大な博物学者アルフレッド・ラッセル・ウォレスは違いました。彼は「香り高いアーモンドで味つけをした、コクのあるバターのようなカスタードと言えばよいだろうか。クリームチーズ、オニオンソース、ブラウンシェリーなどの不調和な味もかすかにある。果肉はねっとりと滑らかで、このような食感のものはほかにないが、それゆえいっそう美味に感じられる……食べれば食べるほど止まらなくなる。ドリアンを食することはまったく新しい感覚を味わうことであり、それだけで東方への旅を価値のある経験にしてくれる」と褒めちぎっています。

インドネシア

ウパス
（クワ科ウパス属）

Antiaris toxicaria

中世から19世紀まで、東南アジアを旅してきたヨーロッパ人の土産話の1つに、見るだけで命の危険があるという猛毒の木の話がありました。その木の枝にとまった鳥は死んでぽとりと落ちてくるし、動物や人間も木に触れただけで死んでしまうというのです。最初は大衆向けジャーナリズムを通じて、やがてディケンズやプーシキンなどの有名作家を通じて、ウパスは邪悪さや有害さの象徴になりました。

実物のウパスは、熱帯雨林で最も幸福な、堂々たる落葉高木です。基部が太く張り出した滑らかな幹はまっすぐで、熱帯雨林の多くの木と同様、樹冠が始まるところまで枝がありません。光がほとんどあたらないところに葉をつける意味がないからです。ヨーロッパでの恐ろしい評判にもかかわらず、鳥やコウモリや哺乳類はウパスの果実を食べて種子を散布し、地元の人々は平気で木を切り、内樹皮を叩いて柔らかくしたもので衣服を作っています。どうやら世界で最も危険な木という評判は嘘のようです。

けれどもウパスの伝説は真実から始まりました。今日のマレーシアとインドネシアにあたる地域の言語では、「upas」という単語は「毒」を意味し、この木から出る乳液には有害な強心配糖体が含まれているのです。この物質が血中に入ると、心臓に作用して心拍を弱く不規則にし、やがて完全に停止させます。現地の部族の人々は、今でもウパスの乳液を採集し、加熱して粘り気のあるペースト状にしたものを吹き矢に塗って、狩猟に利用しています〔訳注：乳液が直接血中に入る場合は有毒だが、経口摂取の場合は安全なのだ〕。

数百年前、毒矢はオランダ人を始めとする外国からの侵略者に備えるための武器でした。そこで現地の人々は、ウパスの伝説をでっちあげたり、噂に尾ひれをつけたりすることで、侵略者から毒の原料を守ろうとしたのです。彼らはヨーロッパ人に、ウパスの毒が漂ってくると危険なので風下に立ってはいけないなど、ありとあらゆる用心と防御の必要性を説きました。ヨーロッパ人の旅人にとっても、恐怖のウパスをめぐる荒唐無稽な物語の数々は格好の土産話でした。学識も名声もある人々が繰り返し同じ話をしたことで、人々はそれを信じるようになり、おかげでウパスの毒の原料を400年も秘密にすることができました。プロパガンダを行う人々が昔からよく知っているように、信じられないようなことを信じたいという人間の欲望には際限がないのです。

ボルネオ島
グッタペルカ
（アカテツ科パラクイウム属）
Palaquium gutta

　グッタペルカは19世紀後半に文字どおり世界を変えた樹木で、その奇妙な名前は当時の新聞の紙面をたいそう賑わせました。スマトラ島、ボルネオ島、マレー半島を原産地とする典型的な熱帯雨林植物で、光を求めて高くまっすぐに伸び、樹冠より下には枝や葉がほとんどありません。卵形の大きな果実はリスやコウモリの好物です。枝の先端に密生する葉の表側は滑らかで、つやつやした緑色ですが、裏側は柔らかい毛が生えていて褐色です。

　「gutta-percha（ガタパーチャ）」という英語での呼び名は、この木の灰色がかった白い乳液をさすマレー語に由来しています。グッタペルカが昆虫によって傷つけられると、乳液を出して昆虫を飲み込み、傷口を密封して自身を癒します。日光と空気に触れた乳液は凝固し、反応性が低く水を通さない、ピンク色がかった物質になります。ほかの種類の乳液とは違い、この乳液は硬化しても脆くはなりません。チクル（サポジラから採れるゴム状物質）のように噛（か）んで楽しむことはできず、ゴムのように伸縮自在でもありません。グッタペルカの乳液は65～70℃に加熱すると柔らかくなり、容易に成形することができ、冷えると形を保持します。

　この地域の先住民は、何百年も前からグッタペルカを成形して各種の道具やなたの柄を作っていました。しかし、1843年にこの地にきた英国人の外科医が、なにかに利用できないかとロンドンにサンプルを送ると、たちまち夢の素材としてもてはやされ、壊れにくい台所用具、チェスの駒、伝声管、杖の持ち手など、グッタペルカ製品を専門に製造する企業が次々と設立されました。「ガティ」と呼ばれるグッタペルカ製のゴルフボールも発明されました。19世紀前半の最高のゴルフボールは革に羽毛を包んで縫い閉じたもので、製作に手間がかかるため高価でしたが、成形しやすいガティは、はるかに安価で丈夫で高性能でした。ボールがよく飛ぶようになると、ゴルフ自体も人気が出ました。糸ゴムを巻いた、さらに優れたボールが開発されるまで、「ガティ」は半世紀にわたって愛されました。

　もっと重要なのは電信ケーブルへの利用です。文字を電気信号に変えて伝送する電信は、1837年の発明以来、広く利用されていましたが、電気と水は相性が悪く、海をまたいだ国際通信は実現していませんでした。そこに、海水に強く、絶縁性に優れたグッタペルカが登場したのです。ロンドンで働いていたドイツ人のヴェルナー・フォン・ジーメンスがグッタペルカで銅線を継ぎ目なく被覆する方法を発明すると（彼が兄弟と設立した会社が今日のシーメンス社の始まりで

す）、起業家と資本家はそれを好機と見て、海底ケーブル敷設レースが始まりました。多くの試行錯誤と外洋での勇敢な挑戦を重ね、信頼性の高いケーブルの製造・敷設技術が確立しました。1876年にはロンドンとニュージーランドがケーブルで結ばれ、19世紀末には総延長40万km以上のケーブルが地球をぐるぐる巻きにし、商業、外交、ジャーナリズムの喧騒で包み込むようになりました。

　グッタペルカの活躍は、木にとっては災難でした。人々は、木に傷をつけて気長に乳液を採集する代わりに、手っ取り早く木を切り倒して乳液を抽出するようになりました。乳液は1本の木から数kgしかとれないため、ケーブル被覆用の莫大な需要を満たそうと、数百万本の木が切り倒されました。やがて、多様な樹木からなる熱帯雨林は伐採され、プランテーションになりました。さらに業界は、戦略的に重要で再生に時間がかかる資源が枯渇しないように新たな規制を課し、乳液は葉から抽出するものとして、幹からの抽出を禁じました。木を切り倒すことなく葉だけを収穫し、細かく刻んで、熱湯に浸すのです。規制に守られたグッタペルカは長年にわたって国際通信を支え続け、1933年にポリエチレンの工業的な合成が始まるまで、ケーブル被覆材料として活躍しました。今ではグッタペルカの広大なプランテーションは失われ、ほかの農作物が生産されています。現在、グッタペルカを広く利用しているのは歯科医だけです。根管充填材として、これより良い素材がないからです。かつて地球を何周もしていた乳液の用途としては、いささかスケールが小さいのですが。

グッタペルカは今でも歯の治療に使われています。サポジラ（189ページ）からとれるチクルという乳液も口の中で使われますが、もっと楽しい用途です。

オーストラリア西部
ジャラ
（フトモモ科ユーカリ属）

Eucalyptus marginata

　ジャラといういかにもオーストラリア的な名前は、オーストラリア大陸南西端のアボリジニーが話していたニュンガー語からきています。18世紀にオーストラリアが英国の植民地になる前までは、今日のダーリング高原にあたる地域の溶脱土壌（表層のさまざまな物質が雨水などに溶けて流失した土壌）には数十万ヘクタールのジャラの森がありました。ジャラは非常に立派な木で、樹高は40mをゆうに超え、幹の直径は2mにもなり、樹皮の色は黒に近い茶色で、ざらざらしています。小さな星が爆発したような白い花はかぐわしく、10個前後ずつまとまって木を飾り、ミツバチを引きつけます。ミツバチはこの花蜜から、麦芽のような香りのキャラメル味のハチミツを作ります。ジャラは森の複雑な生態系の要であり、フクロアリクイ、ネズミカンガルー、フクロネコ、クウェンダなど、冗談のような名前の、なんとも言えず愛らしい有袋類の住処でもあります。

　ジャラは長命で、500年から1,000年以上も生きられます。入植者たちは赤褐色のジャラ材の価値にすぐに気づきました。強度が非常に高いだけでなく、防虫性、防風性、防水性にも優れていたため、造船の材料や港の杭材として人気になりました。1850年以降、本国からきた大勢の受刑者が安価な労働力として働くようになると、ジャラは大英帝国全域に輸出され、鉄道の枕木や電信柱、ワーブ（精紡機のスピンドルについている溝車）、製茶工場など、耐久性が必要な構造物に使われるようになりました。ジャラの森のまわりには蒸気機関を利用した製材場と鉄道網が整備され、大量の材木が運び出されました。

　地球の裏側のロンドンの人々は、1880年代頃から、馬車で混雑する道路の舗装にはどんな材料が適しているのか、頭を悩ませていました。幹線道路のかなりの部分に使われていた石のブロックや丸石には、高価で、雨が降ると馬が滑りやすいという欠点がありました。タールマカダム舗装が十分な強度になるのはまだ数十年も先のことです。そんな時代に人々が目をつけたのが木材でした。バルト諸国からのモミ材やマツ材を使った舗装は、走行音が静かで、掃除がしやすく、馬の蹄に優しい点で石畳よりも優れていました。その反面、すり減ったり腐ったりしやすく、馬の糞尿をたっぷり吸い込み、上を走る車輪の重みで押し出されたしぶきが通行人にかかってしまうという欠点もありました。

　そんなロンドンで1886年に植民地・インド博覧会が開催され、耐久性に優れた舗装材料としてジャラ材が展示されると、大きな注目を集めました。実際、ジャラ材の耐久性は非常に高く、交通量の多い道路でも1年に3mmしかすり減ら

ないことが確認されました。何十年も長持ちし、嬉しいことに液体がしみ込む孔がないため、ジャラ材の舗装は人間にも動物にも好評でした。1897年には、ロンドンでも有数の賑やかな通りが、約30kmにわたってジャラ材で舗装されました。コンクリートの上に木製ブロックを無数に敷き詰めるのは、オーストラリアからの運送費と輸送距離を考えるとたいへんなことです。膨大な需要を受け、オーストラリアではジャラ材を扱う企業がいくつも設立され、無秩序な競争を繰り広げました。こうした企業は注文をとるために木材の値下げを繰り返し、1900年には英国で売られるオーストラリア産のジャラ材の価格は、すぐ近くのスウェーデン産の、はるかに質の劣る木材より安くなってしまいました。そんな価格でも企業は利益を得られましたが、明らかに持続不可能なビジネスでした。ジャラの森は乱伐に耐えられず、急激に失われていきました。にもかかわらず、残った木を適切に管理するための法律が施行されたのは、第一次世界大戦が終わる頃でした。その後まもなく舗装用の木製ブロックはアスファルトに取って代わられましたが、建設用のジャラ材への需要はなくなりませんでした。

　今では、数カ所のすばらしい保全地域を除き、ジャラの森のほとんどが、材木の切り出しや開墾や採掘によって失われました。残った木も、地球温暖化とそれに続く複雑な変化によって危機的状況にあります。*Phytophthora cinnamomi*（ピュトブトラ・シナモミ）という病原体による致死的な立枯れ病のほか、夏の干ばつと熱波も増えています。ジャラの乱伐と繊細な生態系の消失は、ニュンガー文化の終焉とともに始まりました。残った木は、今度は気候変動による危機に直面しています。気候変動は私たち全員に責任がある現象で、すべての文化を脅かすものです。

149

オーストラリア

ウォレマイ・パイン
（別名ジュラシック・ツリー、ナンヨウスギ科ウォレミア属）

Wollemia nobilis

数百万年前に絶滅したと考えられていたウォレマイ・パインの生きている木が発見されたことは、植物学上の発見の中でも驚異的なものの１つでした。この木の化石はずっと前から知られており、化石が発見された地層の年代から、今から6,500万年前、恐竜がいた時代のものであることがわかっていました。針葉樹であることは明らかでしたが、現存するどの種にも似ていませんでした。ところが1994年に、シドニーからわずか150kmのニューサウスウェールズ州ブルー・マウンテンズの端にあるウォレマイ国立公園の砂岩の峡谷で熱帯雨林の調査をしていた公園職員が、謎の植物の木立を発見したのです。木は生きていて、状態も良好でした。化石と比較したところ、花粉に至るまでよく一致していることが示されました。いみじくも、「ウォレマイ」という公園の名称は、土地のアボリジニーの言葉で「まわりをよく見ろ」という意味でした（のちに、ここで発見された木にも同じ名前が与えられました）。

　木立の中で最も高い木の樹高は40m、幹の直径も1.2mあり、おそらく1,000年はたっています。パインとはマツのことですが、ウォレマイ・パインはマツではなく、チリマツと近縁の針葉樹です。古い木は株立ちになり、年齢の異なる複数の幹が根元から立ち上がっています。樹皮は、チョコレート味のポップコーンのような柔らかいスポンジ状の小塊にびっしりと覆われています。枝の先端の若葉は黄緑色で、もじゃもじゃしているので、木の表面に萎れかけのつる植物が絡みついているように見えます。その下の古い葉は濃い緑色で、シダの葉のように、枝に沿って２列に整列しています。枝は古くなってもさらに枝分かれすることはなく、木を真上から見ると、濃淡の緑色が放射状に広がった形をしています。寒い時期には木は休眠状態になり、新芽は春になるまで白いロウ状の物質に覆われて保護されます。雌雄同株で、雌花も雄花も枝の先端に咲きます。雌花はポンポンのような形で木の上のほうに咲き、雄花は木の下のほうでだらりと垂れ下がります。なお、ウォレマイ・パインは古くなった葉だけを落とすことができず、葉が多くなりすぎると枝ごと落としてしまいます。

　古代の木の発見は世界的なニュースになりました。この木が植物泥棒に狙われないようにし、また、たとえウォレマイに災害があっても種が確実に生き残れるように、ウォレマイ・パインの繁殖はオーストラリア政府が監督しています。これまでに、世界中の園芸愛好家やコレクターが数十万本の苗木を植えています。各地の植物園では、野生株が100本未満しかない貴重な植物であることを強調

して見学者の目をひくため、野外の檻の中に苗木を植えることが流行しました。

　集団が小さく、1つの狭いエリアに集中していることは、ウォレマイ・パインの野生株を特に脆弱にしています。さらに悪いことに、DNA分析の結果、野生株の間に識別可能な遺伝的多様性はありませんでした。この集団のすべての木が1つの個体のクローンなのか（その場合、根萌芽によって地中から広がった可能性があります）、あるいは、もともと遺伝的多様性がほとんどない種なのか、はたまた、過去に個体数がもっと少なくなった時期があり、生き残った少数の木から遺伝的多様性の低い集団が再生してきたところなのかはわかりません。理由はどうあれ、ウォレマイ・パインの遺伝的多様性の小ささは、まだ耐性を獲得していない植物病原体からの攻撃に極端に弱いことを意味しています。1本の木に感染して傷つけることができた病原体は、すべての木に感染して傷つけることができるからです。

　感染を防止するため、一般市民はウォレマイ・パインの自生地への立ち入りを禁止されています。けれども、この禁止を挑戦ととらえた不届き者が、汚染されたブーツを履いたまま自生地に侵入した可能性があります。*Phytophthora*（ギリシャ語で「植物を破壊するもの」という意味）という、木の根を攻撃する水生菌株が持ち込まれた形跡があるのです。17回の氷期を生き抜き、数えきれないほどの山火事に耐えてきた生きた化石が、人間によって不用意に持ち込まれた感染症の脅威に直面しているのです。

ウォレマイ・パインに近縁の生きた化石の一つがチリマツです（170ページ参照）。

オーストラリア
ブルー・クァンドン
（ホルトノキ科ホルトノキ属）

Elaeocarpus angustifolius

ブルー・クァンドンという名前は、アボリジニーのウィラジュリ語の「guwandhang」という言葉が訛ったものです。背が非常に高く、幹の基部が大きく張り出した、成長の速い常緑樹です。東南アジアからオーストラリアのクイーンズランド州南部とニューサウスウェールズ州北部にかけて分布し、熱帯雨林と川のほとりを好みます。濃い緑色の葉は縁に細かいギザギザのある長円形で、大きく開いた樹冠の先端に茂ります。古い葉は赤くなり、ときに枝全体が緋色の葉に包まれることもあります。芳香のある釣鐘形の白い花は縁が房になっていて、下向きに咲く様子は腰蓑のようです。

　風変わりなのは果実です。大きめのビー玉ほどの球形なのですが、目の覚めるようなコバルトブルーをしているのです。世界にはほかにもいくつか青い果実がありますが、いずれもアントシアニンという色素配糖体を含んでいるのに対して、ブルー・クァンドンの果実には色素がなく、青い光を反射する表面構造によって発色しています。クジャクの羽や玉虫色に輝くチョウの鱗粉と同じ発色機構ですが、この方法で発色する植物はほとんど知られていません。この構造は「イリドソーム（iridosome）」と呼ばれ、果皮の外側の細胞壁のすぐ下に網目状に整列した糸からできています。イリドソームの表面と裏面で反射した光の間で干渉が起きて、色が生じるのです。鮮やかでムラのない青い色は、数nm（ナノメートル、1nmは1mmの百万分の1）の精度で揃った構造から生じています。構造色と呼ばれるこの色は、ブルー・クァンドンの種子に有利に働きます。地面に落ちてから時間がたっても鮮やかな青い色のままなので、動物の目を引きつけることができるからです。さらに、ほかのほとんどの果実と違い、ブルー・クァンドンの果実にあたった光は外皮を透過し、その下の光合成を行う層に到達することができるため、成長に寄与することができます。

　ブルー・クァンドンの果実は、ヒクイドリ、ワンプーアオバト、メガネオオコウモリなど、森の動物の多くにとって重要な食料になります。こうした動物たちは、森にある色の中から青を識別することができます。彼らは果肉を食べ、中心にあるシワシワの硬い核を、その中に数個ずつ入っている種子を傷つけることなく散布します。核は精巧な細工物のような見た目で、仏教徒やヒンズー教徒は数珠やネックレスに利用しています。

　未熟な果実は渋い味がしますが、やや熟しすぎたぐらいまで待てばおいしくなります。コバルトブルーのものを食べることへの違和感はありますが。

ニューカレドニア
セーヴ・ブルー
（アカテツ科ピクナンドラ属）
Pycnandra acuminata

オーストラリアとフィジーの間にあるフランス領のニューカレドニア島は、風にそよぐヤシとサンゴ礁だけの島ではありません。地質作用のいたずらにより、長さ350km、幅約65kmのこの島に世界のニッケル埋蔵量の5分の1が眠っているのです。露天掘りで世界のニッケル需要の約1割を満たすことができ、その大半がステンレス鋼の製造に使われています。

栄養分に乏しい土壌と多量の有毒金属を押しつけられたセーヴ・ブルーは、ニッケルを利用する方向で進化しました。小さな白い花を咲かせる樹高約15mの木は、なんの変哲もない植物に見えますが、切ってみると、内樹皮から青みがかった緑色の不気味な乳液が出てきます。小枝に傷をつけると、ターコイズブルーにきらめく小さな玉が現れます。「セーヴ・ブルー（sève bleue）」とは、フランス語で「青い樹液」という意味です。粘り気のある樹液の重さの11％、乾燥重量の25％以上をニッケルが占めていることがあり、これほど高濃度のニッケルを含む生物はほかにありません。成熟した木には合計35kg以上のニッケルが含まれていることもあります。

セーヴ・ブルーは、クエン酸と錯体を形成させることでニッケルを隔離し、それを乳液中に流すことで、生命維持過程の邪魔にならないようにしています。けれども、近くに生えているほかの植物は、そもそも土壌からニッケルを吸収しないことで、この手間を省いています。セーヴ・ブルーがニッケルを吸収する理由は、ニッケルを安い毒として利用し、自分に害を及ぼす昆虫を追い払っているからです。セーヴ・ブルーによるニッケルの吸収は金属集積の最も極端な例ですが、世界には重金属を吸収できる植物がたくさんあります。これらは、植物の能力を活用して汚染された土地を浄化する「ファイトレメディエーション（phytoremediation）」という技術を開発するために研究・利用されています。

イタリアイトスギ（71ページ）は、別の重要な金属と密接な関係にあります。

ニュージーランド
カウリマツ
（ナンヨウスギ科アガチス属）

Agathis australis

カウリマツは、その立派なたたずまいと歴史的・文化的役割において、カリフォルニアのセコイア（207ページ参照）に相当します。ニュージーランドの北端のみに分布する、樹高45mにもなるすばらしい木で、多くが500〜800年も生きています。側根から下に向かって分岐した長さ5mもある頑丈な「ペグ・ルート〔訳注：釘の根という意味〕」によってしっかり固定されているため、どんな強風にも負けません。灰色の滑らかな幹はしばしば完全な円柱状で、どこもほぼ同じ太さに見えます。幹の直径は5mほどにもなり、かなり高いところからようやく枝が出てきます。寄生植物が幹に付着しようとすると、巧妙にもその部分の樹皮を剥がし、寄生植物ごと落としてしまいます。けれども樹冠にはランやシダからほかの樹木まで生育し、1つの大きな生態系を形成しています。

カウリマツには、もう1つ、よく発達した防御機構があります。樹脂です。樹脂には細菌やカビを殺す強力な作用があるだけでなく、物理的な障壁となって傷口を覆い、樹皮に穴をあける昆虫を溺れさせ、閉じ込めることができるのです。木は大量の樹脂を作り、あちこちから滲み出させて、枝の分岐点にためています。3万〜5万年前には多くのカウリマツが生きては死んでゆき、大地に落ちた大量の樹脂が化石化し、地中に厚さ10mもの層を形成しました。

おそらく13世紀頃にポリネシアからやってきたマオリ族の人々は、この樹脂を焚き付けや口の中の掃除に使ったり、社交のためにみんなで咀嚼したりしました。刺青にも利用しました。樹脂を燃やして黒い粉にし、脂肪と混ぜて、緑色がかった濃青色の顔料を作り、動物の骨で作ったノミで皮膚に傷をつけ、そこに顔料を入れるという、激痛を伴うやり方でした。

1840年代には、「pakeha」と呼ばれるヨーロッパからの移住者が大挙してニュージーランドに押し寄せました。彼らはカウリマツ材を焚き付けや目先の変わった彫刻に利用したほか、橋の建設や造船にも使いましたが、あちこちにある樹脂については利益を生むような利用法を見つけることができませんでした。そこでアメリカやロンドンに樹脂のサンプルを送ったところ、ついに、この樹脂をさまざまな油に溶かすと、舟の甲板や鉄道の客車の塗装に適した、非常に強い屋外用ニスになることが明らかになりました。突然、樹脂は貴重な商品になりました。

まもなく、目につくところにある樹脂は取り尽くされ、売却されましたが、地面のすぐ下や沼地にははるかに大量の樹脂が眠っていました。カリフォルニアのゴ

ールドラッシュのときのように、樹脂を掘りあてて一儲けしようと、数千人の「gum digger（ゴム掘り）」が島にやってきました（樹脂は水に溶けませんがゴムは水に溶けるため、これを「ゴム」と呼ぶのは厳密には誤りです）。ゴム掘りには高価な採掘道具は不要でした。細く尖った焼戻し鋼の棒を地面に打ち込めば、樹脂が溜まっている場所を見つけることができました。振動する棒が立てる音で、樹脂があるかどうかを聞き分けることができるのです。見つかる樹脂は、ごく小さな塊から、大の男が3人がかりで持ち上げなければならないほど巨大な塊までありました。「カウリゴム」は50年にわたってニュージーランドで最も重要な輸出品であり続け、羊毛よりも、金よりも、材木よりも重要でした。1890年代後半から第一次世界大戦までの最盛期には、1万人ものゴム掘りが15万トンの樹脂を輸出しました。その総額を今日の貨幣価値に換算すると10億ポンド（1,360億円）近くになります。英国政府はゴムの採掘権と引き換えにしばしば土地の開墾と排水を要求し、これらの支払いと輸出税により、ニュージーランドの学校や道路や病院などのインフラが整備されました。

　化石樹脂を掘り尽くしてしまうと、スパイク靴を履いてトマホークを持ったゴム掘りたちは、カウリマツの木に目をつけました。とんでもないことに、彼らは樹皮に深い傷をつけ、半年ごとに戻ってきては傷口から樹脂を採取し、新たな傷をつけていきました。彼らの貪欲さはやりすぎにつながり、多くの木の寿命を縮めてしまいました。

　1910年からは、カウリゴムはリノリウムの製造にも使われるようになりました。アマニ油、コルク粒子、低品質の樹脂チップを混ぜて布地に圧着させると、硬く、掃除がしやすく、耐久性のあるリノリウムになるのです。しかし、第二次世界大戦直後にニスメーカーとリノリウムメーカーが合成物質の代用品を発見すると、カウリ樹脂の市場は崩壊してしまいました。

　今日、ニュージーランド北部の農地や果樹園を見渡すと、ほんの120年前まで、この国の主要な産業がゴム掘りだったことや、その利益がニュージーランドの繁栄の基礎になっていることを実感するのは困難です。さらに信じられないのは、マオリ族とパーケハーがやってくるまで広さ1万5,500km²ものカウリマツの森があったことです。

パラゴムノキのゴムにも、一攫千金を狙う人々が殺到しました（136ページ）。

トンガ

カジノキ
（クワ科コウゾ属）

Broussonetia papyrifera

カジノキは、ポリネシアへの植民者と一緒に、台湾からいくつもの島々を経てトンガにやってきました。太平洋の島の湿潤な火山性土壌との相性が良く、猛スピードで成長します。なにもしなければ樹高は20mほどになりますが、1年強で3～4mになったところで収穫されます。お目当ては内樹皮からとれる繊維です。この繊維は、植物の体内に糖などをめぐらせる管の構造を支えています。連なった細胞がペクチンとゴムによって束ねられたものからなるカジノキの繊維は特に強く、ポリネシアの人々は「タパ（tapa）」という樹皮布の原料として利用しています。トンガでは、カジノキはタパを作るために栽培されています。日本では、カジノキの内樹皮から作った丈夫な和紙が、伝統工芸品の材料として利用されています。世界で最初の紙は西暦100年頃に中国で作られましたが、この紙にもカジノキの繊維が使われました。

カジノキの樹皮布を作るには、まずは樹皮を注意深く剝ぎます。幅は20cmほど、長さは2mほどです。剝いだ樹皮を水で洗い、表面を削り取ります。残った内樹皮を叩いてもとの3倍ほどの幅に延ばし、これを何枚も重ねたものを木槌で叩いて布状にします。うまくくっつかない場合は、タピオカのデンプンを少し使ってくっつけます。トンガの村のあちこちで、樹皮布を木槌で叩くリズミカルな音が聞かれます。こうしてできたベージュ色の四角形の布をつなぎ合わせて大きな布にし、黒や茶色の染料を使って型染めや手描きで伝統的な幾何学模様を染めつけます。デザインは洗練されていて、しばしば様式化された魚や植物が描かれ、すばらしい掛け布になります。公共の建物には、幅3m、長さ15～30mの掛け布が飾られていることもあります。

トンガでは、出来上がった作品は「ンガトゥ（ngatu）」と呼ばれ、結婚式や葬儀の貴重な贈り物になり、掛け布や間仕切りとして使われます。昔は油や樹脂で防水加工を施して衣服にも使っていて、今でも伝統的な婚礼衣装に使われることがあります。

タパはトンガの人々にとって重要な収入源になっていますが、最大の価値は、共同で大作を制作する過程そのものにあるのかもしれません。祖先からの遺産を再発見しつつあるポリネシアの人々は、叩いた樹皮をつないで大きな布にするプロセスが、タパ作りに携わる人々の心を1つにすると言います。また、近年、ハワイの人々や、ニュージーランド在住のトンガ人やフィジー人の間でタパ作りが復活しているのもそのせいかもしれないと考えています。

165

ハワイ（アメリカ）
コア
（マメ科アカシア属）
Acacia koa

ハワイ諸島は、最も近い陸塊から3,200km以上も離れた太平洋上の火山列島です。地球上でここにだけ自生するコアは、150万年以上前にオーストラリアからきた祖先の木から進化してきたようです。成長が非常に速く、最初の5年で樹高は約10mになり、成熟すると、みすぼらしい低木から、ねじれた枝を大きく広げた、ゴシック建築の装飾模様のような巨木になります。コアは生態系を支える気前のいい木です。鳥や昆虫には食料と住処を与え、古木のうろこ状の樹皮にはしばしば美しい朱色の地衣類が付着しています。特殊な根粒に窒素固定細菌が棲んでいるため、痩せた土壌で成長し、落ち葉を土壌の肥料にすることができます。コアの葉は非常に変わっています。若木の葉は、銀色がかった緑色のかわいらしい複葉ですが、成熟した木の葉は長さ20cmほどの三日月形で、本物の葉ではなく葉柄が平たくなった偽葉です。2種類の葉を持つ柔軟性は、コアが日陰から日向へと成長するのに役立っているようです。

　実は、ハワイから1万6,000kmの彼方、インド洋のレユニオン島には、コアにそっくりなアカキア・ヘテロフィルラ（*Acacia heterophylla*）が自生しています。遺伝子分析の結果、今から約140万年前に、おそらく1回だけ、ハワイからレユニオン島まで種子が運ばれたことが判明しました。1回の種子散布の距離としては、現在知られている中では世界最長です。コアの種子は茶色いマメに似ていて、淡い黄色のふわふわした小さな花が咲いたあとにできる、長さ20cmほどの莢の中に入っています。種子が海水に浸かると死んでしまうので、鳥に飲み込まれるか足にくっつくかして運ばれたのでしょう。

　人間がくるまで、ハワイには奇妙なコウモリ以外の哺乳類はいませんでした。そのため、島のほとんどの植物は、棘も、毒も、鼻や舌を刺激する化学物質も進化させる必要がなく、人間が連れてきた牛から身を守る術を持っていませんでした。牧場を開くために森が伐採された上、放牧された牛が幼木を食べ、浅い根を踏みつけた結果、コアは短期間で激減してしまいました。現在、コアの伐採は厳しく制限されていて、流通量の少ないコア材は世界で最も高価な材木の1つになっています。磨き上げると赤や金褐色の美しい光沢が出て、虎目石のように輝くコア材は、高級家具やウクレレの材料とされています。

　コアがハワイ文化の中で重視される最大の理由は、「ワア・ペレルー（wa'a peleleu）」という戦闘用カヌーの材料になるからです。これは外洋を航海できる大型のカヌーで、長さ30m、深さ2～3mもあり、舷の片側または両側に安定用

の大きな浮材（アウトリガー）が張り出していて、帆があるものもありました。アウトリガーカヌーは、かつてはハワイの島々の間で人や物資を運ぶ主要な手段でした。船体は1本のコアの巨木の幹からできていて、製造には膨大な手間がかかりましたが、繰り返しの航海に耐えられる強度と耐久性があり、十分に元をとることができました。

　アウトリガーカヌーの製造は大事業だったため、発注できるのは酋長だけでした。カヌーの製造技術を先祖から受け継いで独占していた大工たちは、酋長と交渉して、十分な報酬と、自分たちと家族のための食料を得ていました。あらかじめタロイモ、パンノキ、ココナッツ、サツマイモなどを用意し、贈り物をしておかないと、彼らは仕事を放り出しかねませんでした。カヌーづくりはスピリチュアルな営みでもあったのです。すべてのプロセスに儀式的な側面があり、「カフナ・カライワア（kahuna kalaiwaʻa）」という、カヌーづくりの専門家である特別な神官が監督していました。神官は森の中でカヌーに適した木を選び、人々が石斧でコアを切り倒して加工する際にはあらゆる凶兆に目を光らせました。カヌーの製作中は宗教的な禁忌「kapu」を守る必要がありました。カプーは、トンガ語の「tapu」を経て英語の「taboo」になった言葉です。カプーは部外者の介入を禁じ、大工の食事の時間やその内容も定めていました。完成したカヌーは植物から抽出した物質と油を混ぜた漆のような塗料で装飾され、神官と酋長が、ブタ、魚、ココナッツを神に捧げてからカヌーを進水させました。現代の西洋で、VIPが船首でシャンパンのボトルを叩き割りながら「この船と、船で航海する人々に神の祝福がありますように」と唱えるのとそう変わりませんね。

ヨーロッパハンノキ（59ページ）の根粒にも窒素固定細菌が棲んでいます。

チリ
チリマツ
（ナンヨウスギ科ナンヨウスギ属）
Araucaria araucana

　チリマツはチリの国樹です。全体を鎧のように覆っている鋭く尖った葉は、防御にしてもやり過ぎのように見えますが、これは草食恐竜から身を守っていた祖先の形質が先祖返りによって現れたものなのです。白亜紀には、今日の北海沿岸にチリマツに非常に近い植物が生育していましたが、気候が変化し、新たに進化してきた植物との競争に敗れ、絶滅しました。

　チリマツは背の高い常緑針葉樹で、チリとアルゼンチンのアンデス山麓の丘陵地帯に見られるほか、塩耐性があるため海岸沿いにも自生しています。このあたりは火山地帯である上、雷も多いため、火災に耐えられるように樹皮を厚くすることで適応してきました。

　チリマツはおそらく1,300年は生きる木で、その姿はどこか爬虫類を思わせます。枝は幹の同じ場所から数本ずつ成長し、モールのようにねじ曲がり、分かれていきます。つやのある暗緑色の葉は鋭く尖っていて、らせん状に整列し、枝を完全に覆ってしまうほど密に生えています。枝の先端の成長するところの葉は黄緑色です。若木はピラミッドのような形ですが、成熟するにつれて下のほうの枝が落ち、古い木は山に生育する木には珍しいほど背が高く、まっすぐです。樹皮はときに奇妙なモザイク状になり、樹冠はよく目立つ傘形になります。赤さび色の球果につく種子が散布されるしくみは、最近になって明らかになりました。科学者たちが数百個の種子の1つ1つに微小な磁石を埋め込み、その移動を追跡したところ、おもに午後3〜9時に齧歯類によって集められ、巣穴に蓄えられていたのです。残りの種子は鳥と牛によって散布されます。

　チリマツの現地での名前は「ペウエン（pehuén）」です。タンパク質を豊富に含む種子は「ピニョネス（piñones）」と呼ばれ、何世紀にもわたり食料としても文化的にも大きな役割を果たしてきたため、先住民のペウエンチェ族は、この木の名前を部族名にしているほどです。ピニョネスは炒って食べたり、粉にして発酵させ、低温に耐えられる酵母を使って「ムダイ（muday）」というビールのような飲料にしたりします。この地域の先住民にとって、チリマツは宗教的にも経済的にも重要な植物で、地元の収穫祭や豊穣祭の主役になっています。

　チリマツを最初に見たヨーロッパ人はスペイン人の探検家で、1780年頃のことでした。英国に持ち込んだのは、ジョージ・バンクーバー船長の1795年の世界一周航海に外科医として乗り組んだ植物収集家のアーチボルド・メンジーズでした。チリ総督との夕食の終わりにチリマツの種子をふるまわれたメンジーズ

　が、ポケットに忍ばせて船に持ち帰ったと伝えられています。けれども、炒っていない種子はおいしくないので、船に戻る途中に落ちていた球果を拾ったのかもしれません。いずれにせよ、種子は船の上で発芽し、やがてメンジーズは数本の元気なチリマツを携えて帰国しました。そのうちの1本はキューガーデンで100年近く生き、呼び物の1つになりました。
　チリマツは英国では「monkey puzzle」と呼ばれています。きっかけは、チリマツが英国ではまだ非常に珍しかった1850年頃に、コーンウォールの庭園で20ギニーもしたというチリマツを自慢された弁護士が、「この木に登るのはサルにとっても難題ですね」と皮肉を言ったことだったとされています。かくして大ヒット商品が誕生しました。ビクトリア女王時代後期には、大邸宅に見事なチリマツの並木を作ることが流行し、種子が大量に流通するようになりました。その結果、価格が急落し、場末の一帯にも植えられるようになると、今度は（少なくとも英国では）野暮ったい木とされるようになりました。
　一方チリでは、すべての野生のチリマツが国定記念物に定められていますが、農業のために生息地が破壊され、今では絶滅の危機に瀕しています。本当の難題は、恐竜の時代から生き延びてきて、人間との間で場所とりに苦戦している木をいかにして保全するかにあります。

アルゼンチン

ジャカランダ
（ノウゼンカズラ科ジャカランダ属）

Jacaranda mimosifolia

亜熱帯や温帯の温暖な都市の街路を飾るジャカランダは、アルゼンチン北部からの最も優美な輸出品の1つです。ほっそりした枝は透かし細工のような丸い樹冠をなし、晩春には、葉が出る前に2カ月にわたるスペクタルが始まります。薄紫色のトランペット形の花の房が、ミツバチを誘う芳香を漂わせながら、木を覆い尽くすように咲くのです。花ざかりの木の圧倒的な迫力は人々の視線を釘付けにし、見ているだけで気分が高揚してきます。鮮やかな花が散ると、みずみずしい黄緑色の繊細な葉が出てきて、ひらひらした複葉が優しい影を落とします。シドニー、プレトリア、リスボン、パキスタン、カリブ海域諸島の道沿いにはジャカランダがのびのびと育っていて、大通りのモーブ色のネックレスになり、郊外の狭い道ではアメジスト色のひさしになっています。花が散ると、下の道は紫色のカーペットを敷き詰めたようになります。たいていの人はこれを喜びますが、潔癖症の人や愛車の汚れを気にする人は文句を言います。

　そんな心の狭い人たちのために、街路樹を植えることがよい投資になることをお教えしましょう。街路樹が大気をきれいにし、都市の温度を下げ、洪水を防ぎ、精神衛生によい影響を及ぼし、コミュニティーの団結を促すことは、多くの研究によって証明されています。街路樹がもたらす数々の恩恵は、維持に必要なコストを大きく上回っています。どの街にも固有の特徴と生態系があるので新たな種の導入には慎重な配慮が必要ですが、あなたの街の気候が十分温暖であるなら、ジャカランダを植えることは、不動産の価値を効果的に高める、公益にもかなうやり方だと言えるでしょう。

ソメイヨシノ（134ページ）も、その花の美しさで多くの都市に植えられています。

ペルー
キナ
（アカネ科キナノキ属）

Cinchona spp.

　ペルーとエクアドルの国樹であるキナは、キナノキ属の20種以上の木の総称で、世界史の流れを変えた樹木です。つややかで葉脈が目立つ大きな葉を持つ端正な木で、樹高は約25mです。白から紅紫色の（ときにふさふさした毛のある）かぐわしい花が群がって咲き、チョウやハチドリによって受粉します。最大の特徴は、樹皮（キナ皮）がマラリアの特効薬になることです。

　17世紀初頭にペルーにきたスペイン人の植民者とイエズス会の宣教師が最初にキナ皮を知ったとき、南米大陸にマラリアという病気はありませんでした。一部の歴史家は、キナはケチュア族がマラリアとは無関係な発熱の治療に用いていて、これを見たヨーロッパ人が発熱を特徴とするマラリアの治療に使ってみたところ、たまたま効いたのだろうと考えています。いずれにせよ、キナ皮がマラリアの治療と予防の両方に効果があることを発見したのは、昔からマラリアに悩まされてきたヨーロッパの人々でした。キナ皮の評判と使用は、たちまちスペイン中に広まります（キナがマラリアの治療薬になることに気づいたスペイン人が、アフリカの奴隷貿易を通じて南米大陸にマラリアを持ち込んでしまったのは、なんとも皮肉なことでした）。スペイン人はケチュア族との間に緩やかではあるものの支配的な「パートナー関係」を結び、ここに産業が生まれます。キナの大量伐採が始まり、船団がキナ皮をヨーロッパに運ぶようになりました。

　スペインはカトリック教会との関係が深いため、英国のプロテスタントはキナ皮を「Jesuit's bark（イエズス会士の樹皮）」と呼んで警戒し、「悪魔の力」を借りることを潔しとしなかったオリヴァー・クロムウェルはマラリアの合併症で死亡しました。けれども1679年にキナ皮がフランスのルイ14世の息子のマラリアを治すと、マラリアの唯一の予防・治療薬として広く受け入れられるようになり、代替物が合成されるまで250年もの間、その地位を保つことになりました。

　ケチュア族の医療に欠かすことのできないキナ皮には、木が昆虫から身を守るために作り出したアルカロイドが数種類含まれていて、そのうちのキニーネがマラリアに有効であることがわかっています。ちなみに「キニーネ（quinine）」の名前は、「樹皮の中の樹皮」を意味するケチュア語「キナキナ（quina-quina）」に由来しています。キニーネには、私たちの血液成分をマラリア原虫にとって有毒なものにする、珍しい性質があります。

　ヨーロッパ人にとって、マラリアは20世紀まで大きな問題でした。けれども熱帯の国々にとっては、マラリアはヨーロッパ人による植民地化を食い止めてくれる

ものでした。アフリカとアジアの一部の地域では、侵入してきたヨーロッパ人の半数以上が強毒株のマラリアによって死亡しています。また、北米大陸のバージニア植民地に入植した英国人は、先住民に殺害されるより「沼沢熱（マラリア）」で死亡することのほうが多かったようです。マラリアを抑える可能性がある物質は、どんなものでも戦略的に非常に重要で、高額で取引されました。南米の国々は、キナの挿し穂や種子を輸出しようとする者を死刑にして、莫大な利益を独占しようとしました。けれどもキニーネの需要はあまりにも大きく、彼らの森はそれに応えられませんでした。19世紀にはオランダ人と英国人が南米からキナを密輸し、自分たちのプランテーションで栽培するようになりました。

　1930年代にはジャワ島のオランダ東インド会社が世界のキニーネの大半を供給していましたが、第二次世界大戦中はキニーネが戦略的に非常に重要になります。1942年に日本軍がジャワ島を占領し、キニーネの供給源も手中に収めたからです。キニーネの供給を絶たれたアメリカはペルーから数百トンのキナを輸入しましたが、全然足りませんでした。アフリカと南太平洋では数万人のアメリカ軍人がマラリアによって戦闘不能に陥りました。

　キナがなければ、熱帯地域にヨーロッパの植民地が拡大することはなかったでしょう。英国のインド統治を支えていたのは、キニーネの白い粉を入れて毎日飲む「トニックウォーター」でした。キニーネの苦味をごまかすためにジンとレモンと砂糖を加えたのがジントニックの始まりです。今日のトニックウォーターは当時のものに比べて砂糖が多く、キニーネは少なくなっていますが、ナイトクラブのブラックライトの下で青く発光する程度には入っています。

キナはパンノキと同様、大英帝国の戦略計画の対象でした（194ページ）。

ボリビア

ブラジルナッツノキ
（サガリバナ科ブラジルナッツノキ属）

Bertholletia excelsa

ブラジルナッツノキはアマゾン川とオリノコ川の流域全体に分布しています。私たちが食べる「ブラジルナッツ」は、ほとんどがブラジルではなくボリビア産で、厳密に言えば、堅果（ナッツ）ではなく種子です。樹高は50mにもなり、まっすぐで、灰色がかった、深い亀裂のある特徴的な幹をしています。通常、下のほうには枝はなく、カリフラワー形の樹冠が、森の中でひときわ高く盛り上がっています。大きな白い花は大型のハチによって受粉しますが、たまたま地面に落ちたときぐらいにしか人間の目に触れることはありません。

花が終わると果実がなります。果実が成長して熟し、野球のボールほどの大きさの丸い木質の殻に包まれて地上に落ちてくるには1年以上かかります。1個の重さが2kgもある果実は、なんの前触れもなく地面に落下します。時速100kmの猛スピードで地面に激突しても割れないほど頑丈なので、収穫作業は危険と隣り合わせで、殻を割るのは一苦労です。種子の散布には、アグーチというモルモットと近縁の大型の齧歯類が手を貸しています。非常に鋭い歯を持つアグーチには、この果実の堅い殻に穴をあけるだけの根気と、中にぎっしり詰まっている10〜20個の半月型の種子を取り出せるだけの器用さがあります。種子を包む種皮も堅く、ナットクラッカーで種皮を割って可食部の仁を取り出すのはたいへんなのですが、アグーチは気にしません。アグーチは種子を数個だけ食べて残りを土に埋めますが、（木にとっては都合のいいことに）しばしばその場所を忘れてしまいます。種子は日陰では何年も休眠状態で過ごし、周囲の木が倒れて日があたるようになると発芽します。

今日でも、ブラジルナッツのほとんどは野生の木から採集されます。これだけ広く流通しているものが栽培されていないのは、非常に珍しいことです。ブラジルナッツは、先住民にとっては貴重なタンパク源、脂肪源であるだけでなく、重要な収入源でもあります。ブラジルナッツノキが1本あれば、1年で300個以上の果実がなり、100kgの種子を収穫できます。木材以外にこれだけ価値のあるものが収穫できることは、森林保全の強い動機になります。

最後に、ブラジルナッツノキには変わった性質があります。土壌中に自然に含まれている微量の放射性同位体を取り込んで、果実の中に濃縮するのです。原発作業員は定期的に検査を受けますが、ブラジルナッツを食べる習慣がある作業員は、ときに検査技師の首を傾げさせるほど高い被曝線量を示すことがあります。もちろん、健康に悪影響を及ぼすほどではないのですが。

ブラジル
ブラジルボク
（マメ科ブラジルボク属）

Paubrasilia* echinata

ブラジルボクはブラジルの国樹で、大西洋沿岸の森林に自生しています
が、その名前は国名からきたわけではありません。木の名前が国名にな
ったのです。ブラジルボクは魅力的な木で、樹高は約15mで、花柄の先端に
鮮やかな黄色い花が数十輪ずつぶら下がります。花は甘い柑橘系の香りがし、
花蜜が多く、中心付近に紅斑があります。棘のある緑色のビスケットのような薄
い楕円形の莢ができます。焦げ茶色の樹皮が大きく剝がれると、ブラジルボク
に栄光と没落をもたらした赤い心材が現れます。

　ルネッサンス時代のヨーロッパのしゃれ者にとって、色を贅沢に使った衣服は
富の象徴です。なかでも贅沢だったのは赤いベルベットで、王と枢機卿だけのも
のでした。赤の染料の最も重要な原料はスオウ（*Caesalpinia sappan*）で、ア
ジアでは紀元前2世紀から、ヨーロッパでは中世から知られていて、当時のポ
ルトガルでは「pau-brasil」と呼ばれていました。「パウ」は「木」を意味し、
「ブラジル」は「brasa（燃えさし）」からきたようです。スオウの材木は多大な
手間と費用をかけて極東から運ばれてきましたが、これを粉末にする作業も一
苦労で、アムステルダムの「研磨の獄舎」の囚人の仕事にもなっていました。
できあがった染料は、先にミョウバンに浸した羊毛や絹を、鮮やかな赤い色に
染め上げました。

　1500年に南米に到達し、現地の人々が鮮やかな赤い色の服で着飾っている
のを見たポルトガル人たちは、すぐに信じられない幸運に恵まれたことに気づき
ます。彼らはスオウと同じ色素を持つこの木を、同じく「パウ・ブラジル」と呼
びました。木は海岸のすぐ近くに生えていて、切り倒されて市場に運ばれるのを
待っているかのようでした。ポルトガル政府は輸出の独占権を与え、高収益産
業が始まります。木を切り出してヨーロッパに送る人々は「brasileiro」と呼ばれ
ました。南米からの輸送は極東から運ぶよりはるかに容易で、それまで
「Terra de Vera Cruz（真の十字架の土地）」と呼ばれていたブラジルは、
「Terra do Brasil（ブラジルの土地）」になりました。

　ポルトガルの商業活動は、他国によるブラジルボクの盗伐、密輸、横取りを
誘発し、高価なブラジルボクを積んだポルトガル船は、武装した護衛がついて
いても略奪者の格好の標的になりました。フランス人とポルトガル人はお互いに
戦いを繰り返し、先住民とも戦いました。1555年には、ブラジルボクの伐採など
を目論んだフランスの遠征隊が、今日のリオデジャネイロにあたる土地に植民地

　を建設しようとしますが、失敗に終わりました。1630年にはオランダ西インド会社がブラジルボクの自生地の大半をポルトガルから奪取し、20年にわたって組織的に伐採し、3,000トンの木材を運び出して、オランダの港に送り出しました。

　1870年代になると、赤の染料はほぼ完全に合成染料に置き換わりましたが、激減したブラジルボクが再び増加することはありませんでした。ブラジルボクには、堅さと重さと響のバランスが非常によいという魅力もあるからです。18世紀から今日まで、ブラジルボクの心材は最高級のヴァイオリンやチェロの弓の材料とされ、楽器業界ではブラジルの州の名にちなんでペルナンブコと呼ばれています。現在、ブラジルボクは世界に2,000本足らずしか残っておらず、輸出は禁じられ、栽培に向けた取り組みが進められています。けれども、森で育つ野生のブラジルボクのほうが密度がわずかに高く、いい音が出る弓になるとされています。野生のブラジルボクへのおもな脅威は盗伐で、ペルナンブコのブラックマーケットでは年間数百万ドル（数億円）の売り上げがあると推定されています。妙（たえ）なる調べに混ざる不協和音です。

* 1785年以来、ブラジルボクはスオウと同じジャケツイバラ属とされてきましたが、2016年からブラジルボク属になりました。

メキシコ
アボカド
（クスノキ科ワニナシ属）

Persea americana

数ある果実の中でも栄養価の高さで名高いアボカドは、熱帯の湿度の高い低地の森の常緑樹で、成長が速く、樹高は20mほどになります。つやのある厚い葉が密に茂り、不規則な形の樹冠を形成します。葉の表側は濃緑色、裏側は黄緑色で、くしゃくしゃにするとアニスの実のようなよい香りがしますが、守りは固く、特に家畜には強い毒性があります。

　アボカドの花は繊細な黄緑色で、枝先に群がって咲きます。1つの花におしべとめしべの両方がありますが、おしべとめしべは異なる時期に熟します。自家受粉を避けるため、アボカドの花は2回開きます。最初はめしべが受粉できるようになったときに開き、それから閉じて、数時間後から翌日におしべが花粉を放出できるようになったときにまた開くのですが、このタイミングがうまくずれている2種類の木があります。不思議なことに、近くにある同じタイプの木は、すべての花が同時に開いたり閉じたりします。基本的に、受粉がうまくいくのは、近くに2種類の木があって、おしべとめしべが最適なタイミングで熟し、昆虫が両者の間を飛び回れる場合だけです。アボカドを1本だけ植えてもめったに実がならず、果樹園に両方のタイプの木を植えなければならないのはそのためです。

　果実は通常は洋ナシ形で、真ん中に大きく丸い種子が1個あり、その周囲をライムグリーンの堅い果肉が包んでいます。果肉は外側にいくほど濃い色になり、その全体が、革のような質感の濃緑色から茄子紺の果皮に包まれています。中南米に自生する、栽培植物化されていないアボカドの果実は黒くて小さいですが、栽培品種の果実は2kgにもなります。大きくて重い果実には、地面に落ちたときに親の木と競争にならない場所まで種子を運んでもらう工夫が必要です。アボカドは種子にも毒があるため、齧歯類などに蓄えさせたり埋めさせたりすることはできません。アボカドを種子ごと飲み込めるような大きさの動物は、この地域にはいません。考えられる説明は、先史時代にオオナマケモノがアボカドを食べていたことです。オオナマケモノはとっくの昔に絶滅していますが、巨体に比べて歯は小さく、鋭くもなかったため、アボカドの果実を丸呑みして、離れた場所で糞と一緒に種子を排泄していたのでしょう。今では私たち人間がアボカドの種子の散布を担っています。人間はオオナマケモノより仕事熱心で、アボカド栽培は中南米の森林破壊の原動力になってしまったほどでした。

　アボカドの果実は19世紀末にフロリダとカリフォルニアにもたらされ、爬虫類的な果皮の見た目から「alligator pear（ワニナシ）」と呼ばれました。1920年代の

　アボカド生産者たちは、危険な動物を連想させるこの名前を嫌い、新たに「アボカド」と命名しました。けれども、偏狭な白人消費者にメキシコの果物を買わせるのは非常に困難でした。売るためには策略が必要でした。

　古代マヤ文明は、アボカドを生殖と密接に関係づけていました。アステカ文明のナワトル語では、アボカドは「āhuacatl（睾丸の木）」と呼ばれていました。2個が対になった果実がときどき見られるからでしょう。1672年には英国の園芸ライターのウィリアム・ヒューズがアボカドを賛美して、「体に栄養分を与え、強くする……性欲を非常に強くする」と記しています。スペイン人の修道士も同じ結論に達し、庭でアボカドを栽培することを禁止しました。こうした評判はアボカド産業にとっては好都合でした。どこかにマーケティングの天才がいて（都市伝説の匂いもありますが）、アボカドが性欲を強めるという「下品な噂」を生産者たちに否定させることで、人々の（少なくともアボカドに対する）欲望を煽ったのです。実際、栄養価の高い食品が性欲亢進薬として持ち上げられることは珍しくありません。空腹は性欲の敵なので、ごくあたり前のことです。

　アボカドは不飽和脂肪を豊富に含むほか、ビタミンと微量のミネラルも含んでいますが、珍しいことに糖分をほとんど含みません。アボカドは生で食べなければならない数少ない果物の1つです。火を通すと苦くなり、いやな匂いがするのです。米国では近年、幸運と巧妙な広告により、アボカドとスーパーボウルが強く関連づけられるようになりました。今では、トルティーヤチップスとグアカモーレ（つぶしたアボカドにトマト、タマネギ、調味料を混ぜたクリーム状のソース）は、感謝祭の七面鳥料理と同じくらいアメリカ的な料理になっています。けれども、狩猟採集生活を送っていた人々が定住してアボカドの栽培を始めてから1万年間、メキシコは世界最大のアボカド生産地であり続けています。

　昔はアボカドの種子の散布は運任せでしたが、ブルー・クァンドン（157ページ）の果実は、珍しい表面構造を利用して種子を散布されやすくしています。

メキシコ
サポジラ
（別名チクル、チューインガムノキ、アカテツ科サポジラ属）
Manilkara zapota

　中央アメリカを征服したスペイン人は、ナワトル語で「tzapotl（ツァポトル）」と呼ばれていた木に「sapodilla（サポジラ）」という名前をつけてフィリピンに持ち込みました。南アジアと東南アジアに広がったサポジラは、人々に広く愛されています。果実はキウイに似た茶色の粗い果皮に包まれ、食感はシャリシャリしていて、麦芽のような香りで、洋ナシに似た甘い味がします。でも、この木が世界に影響を及ぼしたのは果実がおいしいからではありません。

　サポジラは、原産地であるメキシコ南部、グアテマラ、ベリーズ北部では「chicle（チクル）」と呼ばれます。成長の遅い常緑樹で、革のような質感の葉が密生した、暗緑色の大きな樹冠を形成します。ピンク色の内樹皮が傷ついたときに出る乳液は、乾燥すると天然の絆創膏になり、感染症を防ぎます。アステカ族やマヤ族の人々は、何百年も何千年も前から、これをチューインガムにしたり、口臭を防いだり喉の渇きを癒したりするのに利用してきました。

　チクルから乳液を集める人は「chiclero（チクレロ）」と呼ばれます。チクレロはなたを振るってチクルにジグザグの傷をつけ、大量に出てくる乳液を集めます。これを煮詰めて凝固させ、ゴム質を精製するのです。19世紀中頃にトーマス・アダムズというニューヨークの起業家が、チクルガムに砂糖と香辛料で味をつけたチューインガムを作りました。20世紀初頭には大量生産が始まり、アダムズのガム会社はウィリアム・リグレー・ジュニア・カンパニーに買収されました。チューインガム産業は巧妙な広告とマーケティングにより（アメリカ軍人の糧食にチューインガムが入っていたことも少なからぬ影響を及ぼしました）、数十億ドル規模のグローバル産業が誕生します。1930年代には、米国は毎年8,000トンのチクルガムを輸入していました。乳液の大量採取によりチクルは大きなダメージを受けましたが、1940年代に米軍からの需要を満たすためにチクルの代用品として石油系合成樹脂が開発されると、ほとんど利用されなくなりました。今日では、チクルゴムを使ったチューインガムは、数社の少量生産メーカーが製造しているだけです。このビジネスは今日のチクレロの暮らしを支え、貧しいコミュニティーに森林保全への動機を与えています。

　チクルとサポジラは、別々の場所で別々の文化的背景を持つことになった同じ木です。原産地のアメリカにはチクルガムを噛む伝統があり、ガムを噛むのは行儀が悪いと考えるアジアでは、サポジラの果実が名物になっています。

ジャマイカ
パンノキ
（クワ科パンノキ属）

Artocarpus altilis

今から約3,000年前、パプアニューギニアとその近隣の島々に自生していた野生のパンノキの祖先は、西太平洋への移民によってはじめて栽培化されました。今では、熱帯地方の湿度の高い地域で広く栽培されています。この木は、おそらく歴史上最も有名な反乱の原因になった植物です。

パンノキは堂々たる木で、樹高は約25mになり、灰褐色の幹はがっしりしています。暗緑色の葉は大きく、しばしばマティスの切り絵のように深く切れ込み、大きな樹冠が地面に濃い影を落とします。木の本体や未熟な果実に傷をつけるとゴム質の白い樹液が出てきます。乳液の用途は多く、皮膚病の治療、ボートのコーキング、接着剤のほか、ハワイでは鳥を捕まえるのにも使われます。

雄花と雌花が同じ木に咲く雌雄同株で、それぞれの花序はスポンジ質の芯に数千個の小花がくっついた形です。雄花は棍棒状で、雌花は球形です。雌花は融合して、食用に適した多肉質の果実になります。果実は球形から卵形で、ボウリングのボールと同じくらいの大きさです。色は明るい緑色で、熟すと黄色っぽくなります。薄い果皮は堅く、4〜7角形のモザイクに埋め尽くされています。この多角形はかつての小花で、滑らかなものや棘のあるものがあります。果実はデンプンを豊富に含み、オセアニアの主要な食料です。果肉は乳白色か薄黄色で、炭水化物やビタミンを多く含んでいます。名前に反して用途と味はジャガイモ似で、しいて言えば香りと質感がパンに似ています。

パンノキの種子は、蒔いても発芽しないか、発芽しても育ちません。交配で作出された種なし品種もあります。根萌芽では増えないため、挿し木で増やす必要があり、温暖多雨な地域に植えれば、豊かな恵みをもたらします。挿し木から3年後には実をつけ始め、やがて毎年200個、合計0.5トンほどの果実を収穫できるようになります。人間の仕事は、果実をもぐことと、ミバエがたかってドロドロの塊にならないように風で落ちた果実を片付けることだけです。

1769年、キャプテン・クックの探検航海に同行した植物学者のジョゼフ・バンクスは、タヒチの人々は畑を耕さずパンノキの果実をもいで食べていると、その安楽な暮らしぶりを報告しました。この報告は、ジャマイカの英国植民地でプランテーションを経営する人々の耳にも届きました。当時のジャマイカのおもな（そして大きな利益をもたらす）輸出品はサトウキビでした。プランテーションで働くアフリカ出身の奴隷たちの主食は、故郷の食べ物であるプランテイン（料理用バナナ）とヤムイモでしたが、天候や政治的理由から供給が難しくなっていまし

た。サトウキビ用の土地をしっかり確保した上で、奴隷の主食になる育てやすい植物を探していた経営者たちにとって、パンノキはまさに理想的でした。1787年、英国政府からの命令でパンノキをカリブ海域諸島に運ぶことになったロバート・ブライ艦長は、バウンティー号でタヒチに向かって船出しました。パンノキの種子を蒔いても成長しないことはわかっていたため、タヒチで積み込んだ挿し穂が根付くまで、船員たちは島にとどまらなければなりませんでした。船員たちはその間に島での暮らしがすっかり気に入り、現地の女性たちと関係を持つようになりました。半年後、バウンティー号がタヒチから英国に向けて出航すると、帰国したくない船員たちが途中で反乱を起こし、ブライ艦長と一部の忠実な部下たちは船から降ろされてしまいました。その後、ブライ艦長は苦難を乗り越えて英国に帰国し、別の船でタヒチに戻り、1893年についに数百本の小さなパンノキを携えてジャマイカに到着したのです。

　ジャマイカにもたらされたパンノキが果実をつけると、当初はまったくの不人気で、当局や消息通を困らせました。その頃には奴隷たちは再びプランテインやヤムイモを食べられるようになっていましたし、パンノキを拒絶することは、奴隷にされた人々が自己主張する数少ない方法の1つでもあったからです。しかし、1962年にジャマイカが英国から独立すると、パンノキは植民地のイメージから脱却し、ジャマイカの料理文化とバーベキュー文化の中心的存在になりました。今では「パンノキ祭り」さえあります。パンノキの苗木は今でも熱帯の発展途上国に配られていて、世界の食料安全保障を支えています。

イチジク（66ページ）も、深く切れ込んだ葉を持っています。

バハマ
ユソウボク
（ハマビシ科ユソウボク属）
Guaiacum officinale

バハマの国樹であるユソウボク（癒瘡木）は、豪華絢爛な美しさと鉄のような心材を持っています。かなり下からさかんに枝分かれするため街路樹として人気があり、しばしばきれいな逆ピラミッド形に仕立てられています。原産地である中米やカリブ海域諸島の乾燥した低地森林でまれに見られる古木は、びっくりするほどねじ曲がっていて、1,000年は生きられます。

ユソウボクは季節とともに華麗なショーを繰り広げます。つやのある常緑の複葉はパドル型で、樹皮が剝がれ落ちるとまだら模様が出てきます。枝先には青や薄紫色の愛らしい花が無数に咲き、長い花期の間に古くなった花は白っぽく色褪せて、全体が複雑な色合いになります。そしてショーの第二幕が始まります。ピンク色がかった平べったい蒴果は、成熟すると金色になり、これが破裂すると緋色の肉質種皮が現れ、中には1対の真っ黒な種子が入っているのです。

ユソウボクの最大の特徴は木質部にあります。おそらく世界で最も硬く、密度の高さも世界有数で、水に浮かないほどです。この性質と、絹のように滑らかな手触りと、エキゾチックなバニラの香りと、先住民のアラワク族が性病の治療に使ったという噂から、16世紀初頭の医師たちはユソウボクには特別な力があると信じ、「生命の木」と呼びました。1520年代には、粉末にした木質部と樹脂が、梅毒の治療薬として法外な価格で取引されました。この薬はしばしば水銀と組み合わされ、19世紀まで使われました。近年、バハマの人々はユソウボクを原料にして、性欲を高めるという強壮剤を作っています。少なくともこの目的については、暗示だけで十分な効果が出そうです。

ユソウボクの強度と耐久性については疑問の余地はありません。競売人の小槌やクロッケーの木槌、乳鉢と乳棒、悪天候時にクリケットをするときに使う重いベイル（三柱門の上にのせる横木）、英国の警察官の異様に重い警棒などの原料として輸出されてきました。木質部の密度は高く、木目がよく重なり合っているため、縦に割るのはほぼ不可能で、他に例のない耐摩耗性と耐水性を誇ります。樹脂は油っぽく、木の表面は自動的に注油されています。このような性質を持つユソウボクは、蒸気機関の黄金時代には世界最大級の船のプロペラシャフトのベアリングに欠かせない材料となり、1950年代になっても、世界初の原子力潜水艦として知られる米国海軍のノーチラス号に使われていました。

ザクロの種子の肉質種皮は、汁気が多く色鮮やかです（107ページ）。

カナダ

コントルタマツ
（マツ科マツ属）

Pinus contorta var. *latifolia*

　コントルタマツは、カナダ西部のブリティッシュ・コロンビア州全域からロッキー山脈を南下してアメリカに至る広大な森林生態系の要となる針葉樹です。背が高く、まっすぐで、ほっそりしたこの木は英語で「lodgepole pine（テント用ポールのマツ）」と呼ばれ、先住民がティピー（数本の棒を立てて頂点で結び、獣皮を張った円錐形のテント小屋）を立てたり、その後の定住者が建物を建てたりするのに使われました。

　コントルタマツの球果の多くは、硬く閉じて樹脂に守られた状態で10年間も木に残り、森林火災が封印を溶かすのを待ち続けることができます。いよいよ森林火災が発生して親の木を焼き尽くし、鎮火して安全になると、球果に蓄えられていた種子が栄養分に富む灰の上に撒き散らされ、ほかのどの植物よりも早く実生が芽を出し、大地は毛布に覆われたようになります。

　コントルタマツは、同じ地域に生息するアメリカマツノキクイムシにたえず攻撃されています。夏になると雌のキクイムシが幹に穴をあけて中に入り、内樹皮に孔道を掘って卵を産みます。キクイムシは青変菌と共生的なパートナー関係にあり、口器にある特殊な器官（菌囊）に入れています。キクイムシが木をかじると、青変菌が内樹皮の細胞にコロニーを作り、木の内部での液体の流れを妨げ、樹脂を分泌できなくさせます。樹脂は木が身を守るためのものなので、それがないのはキクイムシと青変菌にとって好都合です。青変菌は孔道の中で胞子を作り、次の夏に羽化するキクイムシと一緒に、次の宿主を探しに出かけます。

　キクイムシの幼虫は極寒の冬にはほぼ全滅するため、コントルタマツが健康であれば、生き残りのキクイムシに攻撃されても枯死することはなく、撃退することもできます。実際、キクイムシからある程度の攻撃を受け、弱った木を枯死させたほうが、落雷による山火事の燃料となる枯れ木を確保することができるため、球果をつける自分たちを有利にすることができるのです。けれども、ここ数十年の地球温暖化はコントルタマツの想定外でした。暖冬が続いた結果、キクイムシが爆発的に増え、その攻撃をしのぐことが難しくなっています。青変菌に感染した木質部はおぞましい青みがかった灰色になり、針状葉は茶色くなり、非常に多くの木が枯死しています。これまでに1,800万haもの森林が被害を受け、本来の生息地を大きく超えて広まったキクイムシと戦うためにカナダ当局が投じた金額は20億ドルにのぼります。安価な化石燃料に頼るのは仕方がありませんが、温暖化ガスがもたらす気候変動も高くつきます。

アメリカ
タンオーク
（ブナ科ニセマテバシイ属）

Notholithocarpus densiflorus

タンオークは、カリフォルニア州北部とオレゴン州南部の海に面した湿度の高い丘に生える常緑広葉樹で、オークとヨーロッパグリの特徴を兼ね備えています。しばしば樹高50mにもなり、枝は曲りくねり、スペースさえあれば樹冠は大きく広がります。厚い樹皮は灰褐色で、古木になると亀裂が入ります。鋸歯状の葉は、若葉のうちは裏面が毛に覆われています。水を保持するためでしょう。黄色い雄花は指ほどの大きさの尾状花序に沿ってびっしりと咲き、その根元には雌花が現れて固まって咲き、やがて堅果（どんぐり）になります。オークのどんぐりの殻斗（ぼうし）は熟してくるとうろこ状になりますが、タンオークではひだ飾りのような形になり、どんぐりは小鳥の卵ほどの大きさになります。

タンオークのどんぐりはタンパク質と炭水化物とかなりの量の脂質を含み、この地域の先住民は、伝統的にサケとどんぐりを主食にしていました。どんぐりを細かく砕いてから水にさらしてアクを抜き、栄養分に富むスープや粥やパンにしたのです。その後、19世紀中頃のゴールドラッシュでヨーロッパから移民が押し寄せると、豚肉の需要が高まり、どんぐりはブタの餌になりました。

人間と馬が増えると、革への需要も高まりました。革をしなやかにし、腐敗を防ぐには、タンニンを入れた大桶に動物の生皮を浸してなめさなければなりません。タンニンは、木が昆虫や動物から樹皮を守るために蓄えている物質です。タンオークはタンニンをとるのに最適な木で、特に、靴底や鞍にする硬い皮をなめすのに適しています。1860年代にはカリフォルニアの革はニューヨークやペンシルベニアのメーカーまで運ばれ、タンニンの需要は高まる一方でした。タンオークは過剰に伐採され、1920年代になるとタンニンの不足とアメリカの皮革産業の緩やかな衰退が始まりました。

タンオークの木材は強く、木目が細かいため、第二次世界大戦後に多くの木が植えられましたが、市場が好んだのは成長が速く加工が容易な針葉樹でした。100年後、タンオークは先住民の主食から無価値の雑木になり果てました。林業者が枯葉剤を撒いてタンオークを枯らしたところ、生態系のバランスが乱れて、残った木は感染症にかかりやすくなってしまいました。1990年代以降、数百万本のタンオークの木が衰弱から枯死に至る「オーク突然死病」の被害を受けています。その原因はカシ突然枯死病菌（*Phytophthora ramorum*）という真菌に似た微生物で、19世紀中頃にジャガイモの疫病とアイルランドの飢饉を引き起こしたジャガイモ疫病菌の仲間です。

カナダ
アメリカツガ
（マツ科ツガ属）
Tsuga heterophylla

　アメリカツガは、アメリカのオレゴン州、ワシントン州から、カナダのブリティッシュ・コロンビア州にかけての冷涼で湿潤な太平洋沿岸に自生する針葉樹の高木です。ここは世界で最も美しい老齢森林の1つで、アメリカクロクマの生息地でもあります。うなだれた梢と浅い溝のある茶色い樹皮を持つアメリカツガは、遠くからも見分けられます。この木は、成熟すると自分自身を剪定します。幹の下のほう4分の3の枝を落として、巨大でまっすぐな円柱を残します。短い針状葉は平べったくてつやがあり、裏側にはよく目立つ白い筋があります。

　アメリカツガは英語では「western hemlock（西のドクニンジン）」と呼びます。葉をすり潰したときに出る独特な「ネズミ臭」が、ソクラテスの命を奪った猛毒のドクニンジン（*Conium maculatum*）の匂いに似ているからです。もちろん類縁関係はありません。アメリカツガは、西海岸の先住民にとっては食用に適した内樹皮を持つ価値ある木で、さまざまな病気の治療にも使われてきました。羽毛のような柔らかい葉をつけたしなやかな枝は牛馬の敷き藁に使われ、曲がった幹からは宴会用の大皿を彫ることができました。樹皮に含まれるタンニンは皮をなめすのに使われ、赤みがかった色素はほお紅に利用されました。

　アメリカツガの森は光をかなり遮るため、土壌は肥えているのですが、林床で繁茂する植物はシダぐらいです。シダは大人の腿あたりの高さまで成長します。アメリカツガの実生には耐陰性がありますが、さすがにシダの陰では成長できません。木が切り倒されたり風で倒れたりして林冠に隙間ができても、地上に落ちた種子がシダの陰のすぐそばで茂ることはまずないのです。一部の樹木は大きな種子を作り、実生が種子の栄養分だけで日のあたるところまで成長できるようにしています。けれども、アメリカツガは別の方法を選びました。大木が倒れるとき、横倒しになった太い幹の表面はシダの背丈より高い位置にあります。そこに落ちた種子は、倒木を分解する菌類から出る豊富な栄養分を使って成長することができます。実生は倒木の表面から地面に向かって根を下ろし、その根は倒木の幹や切り株の表面や周囲を流れ落ちるように見えます。死んだ木の表面で新しい生命が芽生え、それを飲み込んでゆくさまは、どこか薄気味悪く、始原的なところがあります。実生の根は成長し、倒木は朽ち、やがて新しい木が厚い土台の上に立ちます。数十年後、成長した植物と有機堆積物が隙間を埋めますが、ときに、アメリカツガの古木にわしづかみにされたヒマラヤスギの倒木が見られることがあります。

カリフォルニア州（アメリカ）
セコイア
（ヒノキ科セコイア属）
Sequoia sempervirens

　アメリカ太平洋側北西部の霧深い丘に自生する巨大なセコイアは世界で最も背の高い木であり、世界で最も古い木の1つでもあります。地球上で最も高い木は「ハイペリオン」と呼ばれるセコイアで、高さは115mもあります。見上げていると、木の成長に限界はあるのだろうかと思われるかもしれません。歴史的に、世界で最も背の高いセコイアはどれも120m強でした。ほかの種の巨木についても同じことが言えます。これは単なる偶然でしょうか？　この疑問に答えるためには、水と、樹木の生命線としての水の役割と、水が梢に到達するしくみを理解する必要があります。

　あらゆる植物について言えることですが、1本の木を構成する固体の大半は、二酸化炭素と水という2種類の単純な物質を使って合成されます。それはおそらく地球上で最も重要な化学反応で、日光をエネルギー源とするため、光合成と呼ばれています。植物の葉には1mm^{2}あたり数百個の小さな孔があいていて（気孔）、周囲の空気からこの孔を通って二酸化炭素が入ってきます。水は水蒸気として気孔から出ていくだけで（蒸散）、ここから入ってくることはないため、木は根から吸い上げた水を梢まで運び上げなければなりません。蒸散によって葉の表面付近の細胞の水分が失われてくると、その下の水分を含む細胞から水を吸い、さらにその細胞が下の細胞から水を吸い、やがて吸い上げは葉脈に到達し、木部の直径約1/30mmの極細の管を通して水を運び上げるのです。

　これは巧妙な方法です。木そのもののエネルギーではなく太陽からのエネルギーを利用して、最上部の水を蒸発させているからです。この現象は水の珍しい特性を利用しています。水分子には正電荷が強い部分と負電荷が強い部分があり、分子どうしが磁石のようにくっつき合うのです。水は凝集力が非常に強く、雨がきれいな水滴になるのも、細く連続的な水柱が自分自身を支えられるのもそのせいです。木の中の水柱の高さの理論的な上限は約120mで、これより高くなると重力が水分子間の凝集力を圧倒し、木の最上部は水分を失って死んでしまいます。木は物理学の根本法則を超えて成長することはできないのです。

アメリカ
ホホバ
（シモンジア科シモンジア属）
Simmondsia chinensis

ホホバの種小名の「*chinensis*（シネンシス）」は「中国の」という意味ですが、19世紀の植物学者が殴り書きされたラベルを読み間違えてこうなっただけで、中国とは関係ありません。メキシコのソノラ砂漠西部、アメリカのカリフォルニア州南部、アリゾナ州に自生するホホバは、常緑低木で、ときに藪のようになります。樹高は4mほどになり、砂漠での生活によく適応しています。長い主根は地下10mのところから水を吸い上げ、革のような質感の灰色がかった緑の葉は水が失われにくいようにロウで覆われています。葉の付け根には節があり、正午の強烈な日差しの下では葉を垂直に立てることで、温度上昇を抑えて、光合成の効率を高めます。そのため、ホホバの下には驚くほど木陰がありません（ある種のユーカリノキも同じトリックを用いています）。こうした葉の配置は風の渦を作り、雄株に群がって咲く黄色い花の花粉を、雌株の葉脇に咲く黄緑色の花に届けます。やがて雌株にどんぐりのような形と大きさの果実がつき、熟すと金茶色になります。

個々の果実の中にある種子の重さの半分は金色のオイルが占めています。オイルの正体は液体のロウで、昔から肌や髪の手入れに使われてきました。ホホバオイルは、1970年代に広く禁止されたマッコウクジラの鯨油に代わる高温用潤滑油としても役立ってきました。需要の高まりを受け、高温で乾燥した多くの国々でホホバが植えられましたが、ホホバの商業用の栽培は少々面倒です。雌雄異株で、植えるときには性別が分からないため、数年後に花が咲くのを待って性別を確認し、種子をつけない雄株は授粉に必要な分だけ残して間引きしなければならないのです。

近年、ホホバオイルは肥満の治療に使える可能性があると喧伝されています。ホホバオイルを搾った油かすを餌として与えられた牛が痩せたように見えたことや、昔のアメリカ先住民が食料不足の時期にホホバを食欲抑制剤として使用していたことが根拠とされています。ホホバ抽出物が無害かどうかはまだ明らかにされていませんが、薬にしたり体重を減らしたりするための使用は許可されておらず、法律の抜け穴が「栄養補助食品」としての販売を可能にしています。

ホホバは各種の動物に年間を通じて隠れ家と食物を与えていますが、ホホバの果実のロウを消化できるのはベイリーズ・ポケットマウスというかわいらしい名前の動物だけです。人間を始め、ほかの動物に対しては軽い下剤として作用し、種子の散布と施肥に役立っています。

ユタ州（アメリカ）
アメリカヤマナラシ
（ヤナギ科ヤマナラシ属）
Populus tremuloides

北米の樹木の中で最も広く分布しているアメリカヤマナラシは、西部の高地で特に多く、コロラド州とユタ州の州樹です。ヤマナラシの木立を見ていると胸が高鳴ります。葉の表側は鮮やかな緑色、裏側は薄い灰色で、常にちらちらと震えています。秋には葉が黄色くなり、やがて輝かしい黄金色になって、山の抜けるような青空を背景にした木は神々しいほどの美しさです。葉柄はリボンのように長く平べったいため、葉はかすかな風にもしなったりひるがえったりし、さざ波を立てる小川の流れのような、心を癒す音を立てます〔訳注：「ヤマナラシ」は漢字で「山鳴らし」と書く〕。ヤマナラシの葉がこんなふうに進化してきた本当の理由はわかりませんが、柔軟な葉柄のおかげで、山風によって丸裸にされずにすんでいます。また、ヤマナラシの幹は色が薄く、葉緑素により緑がかった色をしていて、光合成ができるのですが、葉が常に震えていることで、日光が幹まで届きやすいという利点もあります。

アメリカヤマナラシは日陰を嫌い、上から覆いかぶさるマツと競争できないのはもちろん、自身の林冠の下で繁殖することもできません。けれども、山火事のあとには、ほかのどの植物よりも早く焼け跡に広がることができます。しばしばまったく同じ高さのヤマナラシの木立が見られるのは、このようにして一斉に発芽したからなのです。乾季があり種子が生き残りにくい西部では有性生殖をやめ、根萌芽によって新しい樹幹を生じます。別々の木に見えているものは、実際には、共通の根系から出ている遺伝的に同じ木の幹で、クローンなのかもしれません。現在、地球上で最も重い生物とされているのは、ユタ州のアメリカヤマナラシの木立で、親しみを込めて「Pando」と呼ばれています。これは「私は広がる」という意味のラテン語です。パンドは4万5,000本の木からなり、40haにわたって広がり、重さはおそらく6,500トンあります。個々の木はそれほど古くありませんが、コロニーは8万年前からあると考えられています。

この方法で生殖するリスクは、遺伝的多様性が失われ、病気や環境の変化に速やかに適応できなくなることです。けれども、アメリカヤマナラシの集団どうしの差は非常に大きく、有性生殖に戻ることもできるため、今のところ問題なく繁茂しています。意外かもしれませんが、現在、アメリカヤマナラシへのおもな脅威になっているのは、キャンプ場のある保護区やビジターセンターです。キャンパーが木に悪さをするからではありません。キャンプ場での山火事はすぐに鎮火してしまうため、日陰で成長できる針葉樹が有利になってしまうのです。

ミズーリ州（アメリカ）

クログルミ
（クルミ科クルミ属）

Juglans nigra

クログルミはアメリカのロッキー山脈より東の地域に自生する立派な木で、大きな樹冠と、溝のある暗い色の樹皮を持っています。脂質とタンパク質を豊富に含む堅果は4,000年以上前からアメリカ先住民によって利用され、そのチョコレート色の材木は耐久性が高く、何百年も前から化粧板や家具の材料として過剰に伐採されてきました〔訳注：日本ではウォルナット材と呼ばれる〕。

アメリカで収穫されるクログルミの3分の2がミズーリ州からきています。クログルミは、一般的に栽培されているペルシャグルミ（*Juglans regia*）よりしっかりした味なのですが、深い皺が寄った硬い殻を割るのは一苦労で、気軽に食べることはできません。おそらく、次の世代の木を齧歯類に台無しにされないように適応した結果なのでしょう。

クログルミと軍隊との間には長年にわたり多様な関係があります。クログルミの木質は硬く、衝撃に強く、機械加工しやすく、バフで磨くと指紋に似た繊細な木目が盛り上がり、美しいだけでなく握りやすくなります。19世紀中頃にはクログルミの銃床（銃の台木）が好まれ、軍務に就くことを意味する「shouldering walnut（クルミをかつぐ）」という言い回しも生まれました。

クルミの木は、競争相手の植物の成長を阻害するジュグロンという天然の除草剤と、天然の防虫剤であるタンニンにより身を守っています。けれども人間にとっては、クルミは染料のジュグロンと色止めのタンニンが1つのパッケージに入っている便利な木です。アメリカ南北戦争時代には、クルミの殻は、南軍兵の自家製の軍服を茶色がかった灰色に染めたり、兵士が故郷の愛する人々に手紙を書くためのインクの原料になったりしました。

第一次世界大戦中には、クログルミは航空機のプロペラの材料に指定されました。バラバラに分解することなく巨大な力に耐えられたからです。第二次世界大戦が始まる頃にはクログルミは激減し、米国政府は市民に木の寄付を求める戦時協力キャンペーンを行ったほどでした。同時に、クルミの殻を粉にしたものをニトログリセリンと合わせて、ある種のダイナマイトも作られました。こうした背景を考えると、クログルミ材が高級な棺の材料として人気があるのはもっともなのかもしれません。

侵略的な木であるニワウルシ（222ページ）も、競争相手の成長を阻害する化学物質を放出します。

アメリカ
ヤウポン
（モチノキ科モチノキ属）
Ilex vomitoria

　ヨーロッパ人に征服される前の北米では、ヤウポンの葉は貴重な品で、先住民たちは遠くまで摘みに出かけていました。けれども今は、ヤウポンを知っている人も利用する人もあまりいません。なぜでしょう？

　ヤウポンはありふれた常緑低木です。マテ（マテ茶の木）やホーリーと同じモチノキ属で、葉には棘があり、透明感のある赤い漿果をびっしりとつけます。テキサスからフロリダにかけてのメキシコ湾岸の砂質の平地でよく育ち、カフェインを含んでいるため、害虫の被害もほとんど受けません。

　カフェインを含むヤウポンは、ティムクア族などの先住民にとって非常に大切な木でした。カフェイン摂取の儀式はほとんどの文化にあり、薬としてお茶を飲むのも、ハンドドリップでコーヒーを淹れるのも、かつてアフリカにあったコーラの実と奴隷との交換も、茶の湯もその例です。一部の先住民文化には、友好の印として一緒にヤウポン茶を飲む慣習がありました。大切な集会で、音楽やダンスとともに巻貝からヤウポン茶をらっぱ飲みすることもありました。

　ヤウポンをめぐる物語は、ここから奇妙なことになっていきます。アメリカ先住民の間では、宗教儀式の際には嘔吐して身を清めるのが一般的でした。先住民が儀式でヤウポン茶を飲んで嘔吐する姿を見ていたヨーロッパ人が、ヤウポン茶に催吐性があると誤解して、「vomit（嘔吐する）」という英語に由来する「*vomitoria*」というひどい種小名をつけたのです。実際にはヤウポン茶には催吐性はなく、人々は自在に嘔吐することができたか、お茶になんらかの薬物を混ぜていたと思われますが、ヤウポン茶を飲むと吐くという先入観ができてしまいました。ヤウポンに対するヨーロッパ人の不快感は、被征服者や死者のための儀式の飲み物と結びつくことで増幅されました。そんなヤウポン茶が、プロのマーケティングによって広められた紅茶やコーヒーに太刀打ちできるわけがありません。コーヒーが不足した時期にスペイン人が一時的に飲んだことを除けば、ヨーロッパからの侵略者やその子孫がヤウポン茶を飲むことはありませんでした。

　けれども今、ヤウポンを再評価する動きがあります。栽培が容易で、紅茶やコーヒーの代用品として期待できる上、ウーロン茶に似た味は、種類を伏せて行われる試飲ではマテ茶などに負けない評価を得ているからです。地元では「カッシーナ」という名前で売られています。中欧の雰囲気がある名前ですが、絶滅したティムクア族が残したほぼ唯一の言葉です。

アメリカ
ラクウショウ
（別名ヌマスギ、ヒノキ科ヌマスギ属）

Taxodium distichum

　アメリカ南東部の霧深い湿原はラクウショウ（落羽松）の領域です。ラクウショウは、ほかの植物なら腐ったり倒れたり窒息したりしてしまうような水浸しの場所で繁茂します。ヌマスギという別名を持ちますがスギ属ではなく、あのすばらしいセコイアの近縁種で、やはり威風堂々たる高木です。樹幹の基部は広がっていて、基礎を安定させています。深い溝があり、暗い黄褐色から年とともに灰色になってゆく樹皮のいかめしさとは対照的に、青々とした葉はいかにも繊細そうで、触れてみると羽毛のような柔らかさです。枝先になる緑色の球果の果鱗はきれいに重なり合い、芳香のある赤い液体の樹脂を隠し持っています。秋になると針状葉が赤みがかったオレンジ色になり、羽状の葉が小枝ごと落葉します。英語で「bald cypress（葉のないイトスギという意味）」と呼ばれるのはそのためです。湿地で育つことから予想されるとおり、ラクウショウ材はいつまでも腐敗せず、昔は「永遠の木」として知られていました。

　ラクウショウは乾いた場所でも育ちますが、水に浸かった場所で育つ場合には、幹から数ｍ以内の地中や水中から中空の「膝根」が上に向かって出てきます。膝根は、ときに人間ほどの高さと幅になります。先住民は膝根をミツバチの巣箱として利用していました。ラクウショウにとって膝根にどんな意味があるかについては、木を安定させる、炭水化物を貯蔵する、流れてきた腐りかけの植物の水路となり、栄養分に富む固形物質と沈泥をその場に堆積させるなど、さまざまな説があります。いずれも興味深い説明ですが、裏づけとなる科学的証拠はありません。

　意外かもしれませんが、木の根は地中で成長しますが、機能するには酸素が必要です。木が生えている土壌のほとんどは十分なひび割れや隙間があって、空気が浸透することができますが、沼は根には厳しい環境です。ラクウショウは水浸しになった根に酸素を供給する機構を進化させてきているはずで、膝根はまさにその役割を果たす「呼吸根」なのではないかと推測されてきました。2015年になってようやく、ラクウショウの根の中の酸素量が、膝根が空気中から酸素を吸収する量と関連していることが示されました。けれども、ラクウショウは膝根を切られても成長を続けます。おそらく膝根は、古代の環境圧に対処するために進化してきたものの、現在はその必要はなくなっているのでしょう。こうした問いに答えるのは難しすぎるように思われるかもしれませんが、答えを探すことで先史時代の出来事の解明に役立つことができるのです。

フロリダ州（アメリカ）
アメリカヒルギ
（別名レッドマングローブ、ヒルギ科ヤエヤマヒルギ属）

Rhizophora mangle

熱帯の海岸や沿岸の泥池や入江や潟湖（せきこ）での暮らしに適応したユニークな常緑樹はマングローブと総称され、約60種が知られています。アメリカヒルギ（別名レッドマングローブ）の樹高は通常は約8mですが、20m程度になることもあり、熱帯アメリカ東部から西アフリカにかけての沿岸地域で見られます。フロリダ州南部のメキシコ湾岸には幅6.5kmにもなる大規模な森林があります。樹皮は黒に近い灰色ですが、樹皮を剥ぐと、タンニンを豊富に含む、赤みがかった茶色の層が出てきます。よどんだ水を紅茶の色に染め上げているのはこの層です。革のような質感の大きな葉は、表側はつやのある暗緑色で、裏側にはしばしば斑点があります。花は薄いクリーム色と黄色で、昆虫を引きつける必要がない風媒花であるにもかかわらず甘い香りがします。

植物の世界では珍しく、マングローブは親の木から子が生えてきます。胎生種子と呼ばれ、種子が親の木についている間に発芽し、胚軸（葉と硬く尖った根端の間の茎のような部分）が伸びてきます。胚軸の長さが30cmほどになると、親の木から落ちて投げ矢のように砂や泥に突き刺さり、潮の満ち干に負けることなくその場にとどまり、猛スピードで成長します。突き刺さらなかった実生は水に浮かんだ状態で成長を続け、底につく機会をとらえて速やかに根をはります。

海辺の動きやすい砂に対するアメリカヒルギの適応の中で最も目立つのは、長さ数mにもなる支柱根でしょう。支柱根は風や水に流されないように木をその場に固定し、互いに固く絡まり合って、荒れた波を鎮めて堆積物をとらえる格子を形成します。木の根には酸素が必要ですが、水に浸かった泥はわずかな酸素しか含んでいません。マングローブの表面には皮目（ひもく）という孔があり、空気を貯蔵できるスポンジ状の組織につながっていて、潮の干満に合わせて開いたり閉じたりしてガス交換を行います。

アメリカヒルギには太陽エネルギーで働く脱塩システムが備わっているため、樹液にはほとんど塩分が含まれていません。葉の水分が日光により蒸発すると真空ができ、この真空が根から高圧で水柱を吸い上げるのですが、根には特殊な膜があり塩分が植物体内に入らないようになっているのです。技術者はこの「超濾過」法を市販の脱塩システムに利用しています。同じくフロリダに自生するブラックマングローブ（*Avicennia germinans*）は、別の方法で塩分を除去しています。ブラックマングローブの葉は白い粉をまぶしたようになっていて、粉を舐

めると塩であることがわかります。水と一緒に根から取り込んだ塩を葉から排出しているのです。いちばん古い葉に塩を流し込み、葉ごと落としてしまうマングローブもあります。

　マングローブは多種多様な水生生物を支えています。鮮やかなオレンジ色のカイメンに細い根を下ろし、炭水化物を与える代わりに窒素化合物を受け取ります。有機物はカニ、軟体動物、昆虫の食物になります。スヌーク、ターポン、フエダイなどの魚はマングローブの根の間を隠れ家とし、そこで食物も得ています。食物連鎖のもっと上のほうには、ワニ、シラサギ、ウミガメ、マナティーのほか、釣りの対象となる多くの大型の魚がいます。彼らは皆、海水の中で生き、生態系に食物を供給するマングローブの稀有な能力に依存しているのです。

　マングローブは適応力が高く、世界中の熱帯で見られますが、小エビの養殖、沿岸地域の開発、マングローブ炭の製造、気候変動などの脅威にさらされています。マングローブは平均海面と最高潮位面の間でしか育つことができません。海面が上昇すれば、マングローブは内陸に移動しなければなりませんが、その場所にはほかの植物があります。ひとたびマングローブが姿を消すと、時間と潮の満ち干が海岸を侵食して形を変えてしまうため、マングローブが再生することは困難になります。

　マングローブは海岸線を安定させ、高潮から守っているだけでなく、海から新しい土地を作り出します。各種のマングローブは、独自の生態的地位を占め、互いに協力しています。フロリダでは、アメリカヒルギが土台となって堆積物をとらえ、ブラックマングローブの栄養源と隠れ家を提供します。ブラックマングローブは泥の中から数千本の気根を上に突き出して酸素を吸収します。アメリカヒルギもブラックマングローブも、その葉や、マングローブ生態系の動植物によって、バイオマスを増やします。やがてこの場所が陸地になると、最後にホワイトマングローブ（*Laguncularia racemosa*）が足がかりを得て、ほかの木々と一緒に繁茂します。アメリカヒルギは海岸にとどまり、最初の移住種として、外へ外へと進出していきます。

カウリマツ（160ページ）は、根ではなく枝で1つの生態系を支えています。

ブルックリン（アメリカ）
ニワウルシ
（別名シンジュ、ニガキ科ニワウルシ属）

Ailanthus altissima

　ニワウルシは愛されている反面、忌み嫌われてもいます。学名はインドネシアのマルク諸島の言葉「ai lantit（アイ・ランティト）（空と同じくらい高い）」に由来します〔訳注：「シンジュ（神樹）」という和名は「tree of heaven（天国の木）」という英語名に由来する〕。成長が非常に速く、すぐに25m以上になり、樹皮は滑らかで白っぽく、広葉高木には珍しく、幹はほぼ完全な円柱状です。葉は数十枚の小葉からなる羽状複葉で1mほどになり、熱帯の植物のように見えます。

　ニワウルシの原産地は中国ですが、1820年にニューヨーク州に種子がもたらされたとき、大らかに投げかける木陰と、珍しい装飾的な雰囲気で、植物愛好家に強い印象を与えました。当時、国内で人気が出そうな丈夫な植物を求めてヨーロッパとアジアを探し回っていた米国農務省も、ニワウルシの種子を配布したほどです（このことは、のちに痛烈な皮肉になりました）。1840年代のゴールドラッシュ時には、中国人労働者が中医学の薬の原料として、そしておそらく故郷を偲ぶよすがとして、ニワウルシの種子をアメリカに持ってきて植えました。中国では、ニワウルシはカイコの餌として一般的だったのです。19世紀中頃には、どんな場所でも、誰にでも育てられる木として、米国東部の種苗場で人気になりました。けれどもその性質は警告として受け止めるべきでした。

　ヨーロッパの言語では、この木の高さや成長の速さを強調する名前がついていますが、中国北部と中部では「臭椿（シュウチン）」と呼ばれています。葉をもみくしゃにしたり木を折ったりすると、猫のおしっこや腐ったピーナツのような匂いがするからです。本当にひどいことになるのは、黄緑色の花が大きく華やかな円錐花序に咲く6月です。ニワウルシは雌雄異株で、その雄花に、「腐りかけの運動用靴下」、「古くなった尿」、「人間の精液」などと表現される、牛も卒倒するような悪臭があるのです。もちろん、雄花の花粉を雌花に運ぶ昆虫にとっては、この特殊な匂いはうっとりするほどよい香りなのですが。

　夏になると、雌株には35万個もの種子ができます。個々の種子は翼果と呼ばれる繊維質の紙のような組織の中心にあり、翼果の色は熟すと琥珀色から深紅色に変わります。翼果はクルクルと回転しながら木から落ち、微風にのって遠くまで運ばれ、どんな場所でも発芽します。線路沿いや工事現場などの荒れた土地でも容易にコロニーを形成し、セメントダストや工場からの有害な煙にも負けません。根系に水を蓄えることができるため干ばつにも強く、ほかの植物がほとんど生き残れないような環境でも生き抜くことができます。

　アメリカの作家ベティ・スミスは、1943年に出版した小説『ブルックリン横丁』で、移民の人生をニワウルシに重ねました〔訳注：原題は『A Tree Grows in Brooklyn（ブルックリンで木は育つ）』〕。過酷な環境に置かれたニワウルシの若木は、人々から蔑まれながら、ひたすら高みを目指します。ブルックリンでは、この木を嫌う理由なんてないと言われますが、実際にはいくらでもあります。

　ニワウルシは苦難によく耐えるだけでなく、侵略的で、根絶やしにするのはほぼ不可能。この木に関する文献の大半が駆除の方法に関するものです。木を切れば、切り株から再び芽が出て、1日に2.5cm、1シーズンに4mずつ成長します。燃やしたり除草剤を用いたりすると、根萌芽が出てきて再生します。樹齢50年以上になることはめったにありませんが、根萌芽の能力があるため自分自身のクローンを無限に作り出します。樹皮は樹木医に接触皮膚炎を引き起こし、強靱な根は地中の下水管やその他のパイプを損傷します。自分の実生には効かない天然の強力な除草剤を作り、ライバルを殺すこともあります。

　信じられないペースで成長し、周囲の迷惑になり、2年で有性生殖が可能になるニワウルシは、しばしば栽培が禁止されています。競争相手の植物や共進化してきた昆虫がいて、繁殖をある程度抑えられている中国でさえ、その評判は悪く、言うことを聞かない子どもは「役に立たないニワウルシの芽」と呼ばれるほどです。けれども一部の園芸愛好家にとっては、ニワウルシは、不当に中傷されているエキゾチックな魅力に溢れた木です。どちらの見方にも真実があります。ベティ・スミスが小説の序文で説明しているように、「美しいと思われてよい木だが、いかんせん数が多すぎる」のです。

アメリカ
ストローブマツ
（マツ科マツ属）
Pinus strobus

　アメリカ北東部で見られるストローブマツの特徴の中で、経済的・戦略的に最も価値があるのは、軽さの割に硬くて丈夫で、並外れてまっすぐな長い幹です。ストローブマツは、英国植民地時代に果たした歴史的役割の点でも、国鳥のハクトウワシのお気に入りの営巣樹である点でも、アメリカの独立を象徴する木と言えます。

　ストローブマツは、幼木のうちはほかの種との日光をめぐる競争に負けることが多いのですが、同種の木の間では45m以上まで成長することができ、ついには森の中のほかの木々よりひときわ高くなります。この木は、自分より高い木に囲まれていても生き抜くための策略を持っています。土壌中の有機態窒素を取り込む能力が高く、周囲の土壌から窒素を集めてほかの植物を育ちにくくし、自分自身は体内に蓄えた窒素化合物を使って育っていくのです。枝はほぼ水平で、わずかに上を向いています。若木の樹形はピラミッド形ですが、年とともに、下のほうが擦り切れたような、不規則な樹形になります。細く柔らかい針状葉は青緑色で、断面は三角形になっていて、それぞれの面に白線が入っているため、大枝はわずかな風にも心地よさそうにきらめきます。

　ほとんどの針葉樹と同じく、ストローブマツは昆虫に花粉を運ばせるためのしくみを進化させずに、風に運ばせることを選びました。黄色い雲のように舞い上がる大量の花粉はまさに壮大な浪費で、沿岸を航行する船の乗組員たちは、甲板に積もった黄色い花粉を見て、硫黄が降ってきたと不思議がったと伝えられています。

　アメリカ先住民はさまざまな用途にストローブマツを利用しました。ビタミンCを含む針状葉からは壊血病に効くお茶が作られ、水に浸した樹皮は傷の痛みを和らげるのに使われました。樹脂は防腐剤として使われ、小さめの木を火を使ってくりぬいて作ったカヌーのひび割れや継ぎ目を埋める充塡材にもなりました。

　英国からの入植者たちも、独自のやり方でストローブマツを利用しました。帆船の時代には、マストが高くて丈夫な船ほど、帆に多くの風を受けて推進力を得ることができました。貨物を運ぶにしても、海賊を追いかけるにしても、戦争をするにしても、どんな僅差でも競争に勝つことには非常に大きな価値がありました。17世紀初頭、英国はバルト諸国からマストを購入していましたが、フランス、オランダ、スペインも同じところから購入していたため、供給に不安がありました。やがて、ニューイングランドの森林から巨木を切り出せるようになると、戦

　略的な好機への期待が大きく膨らみ、1634年には100本のマストを積んだ最初のマスト運搬船がニューハンプシャーから英国に向けて出航しました。入植者たちは、重さ10トンの木を切り倒すときに割れないようにしたり、牛橇（うしぞり）を使ったり、川を利用したりして材木を輸送する方法を編み出していきました。マストの販売で財をなした人々は、製材所のネットワークを整備し、ストローブマツ材を使って自宅を建てたり教会の設備を作ったりしました。大きい木は驚くほどのペースで失われていきました。

　英国海軍の覇権と英国の繁栄にとって、マストはなくてはならないものだったため、17世紀から18世紀にかけて、英国議会は本国のために植民地のストローブマツを確保する厳しい法律を制定しました。検査官がストローブマツを調査し、特によい木の幹に「ブロードアロー（英国政府の所有物につけられた、3本の太矢じり印）」をつけ、木を切り倒す人に厳しい刑罰を与えたのです。植民地の人々は、すぐ近くにある価値の高い木の利用を禁止されたことに激怒し、ストローブマツを切ることは、英国本国による支配に対する植民地の最初の抵抗の1つになりました。1774年、植民地の代表からなる大陸会議はストローブマツの輸出を禁止し、その2年後には、大陸海軍の軍艦がストローブマツを描いた旗をマストに掲げました。ストローブマツが独立戦争における力と抵抗の象徴になったことを、英国本国が正しく理解した瞬間でした。

225

カナダ
サトウカエデ
（ムクロジ科カエデ属）
Acer saccharum

　サトウカエデはカナダのケベック州、オンタリオ州やアメリカのバーモント州と関係の深い木で、ホットケーキにたっぷりかけるメープルシロップと、野球のバットになる硬いメープル材と、誇らしげに「カナダ！」と叫んでいるような葉で有名です。けれども、この地域の落葉樹、特にカエデが、秋に見事な紅葉を見せる理由を知る人は多くありません。

　植物の葉は、光エネルギーを使って二酸化炭素と水から糖を作る化学工場です。この光合成を行うためには、植物は鮮やかな緑色の葉緑素を作らなければなりません。葉は、オレンジ色のカロテンと黄色いキサントフィルという抗酸化物質も作ります。これらは、光合成の副産物として生じる活性酸素を除去し、さまざまな色の光を葉緑素分子に送り込んで日光を最大限に活用できるようにしています。

　この美しい黄色とオレンジ色は常に存在しているのですが、春と夏には葉緑素の緑色によって覆い隠されています。秋になると木の活動が低下し、翌年に使えるものはすべてリサイクルに回されます。葉緑素が分解されて再吸収されると、葉から緑色が失われ、オレンジ色と黄色が見えてきます。同時に、赤や紫色のアントシアニンが作られます。これが紅葉です。

　けれども、北米東部のカエデの紅葉の美しさは、これだけでは説明できません。落葉樹の葉、特にカエデの葉が死ぬと、まだ木によって再吸収されていない糖が徐々に鮮やかな赤のアントシアニンへと変化するのですが、ここで、北米東部の典型的な秋の気候が必要になるのです。糖分が葉から出ていくペースをゆっくりにするためには、霜が降りるほど冷え込む夜が必要で、アントシアニンを作るためには、晴れて暖かい昼間が必要なのです。ヨーロッパの秋は、日中は涼しくて曇っていたり、夜の冷え込みが弱かったりすることが多いため、同じ種であっても、温暖な地域に植えられたカエデの紅葉はあまり鮮やかにならないのです。

カエデの葉は古くなると赤くなります。インドボダイジュ（122ページ）の葉は若いうちだけ赤い色をしています。

228

次はどこへ

　私の住まいはロンドンのキューガーデンの近くにあります。キューガーデンは世界各地の植物を収集・展示する王立植物園で、さまざまな植物の季節ごとの様子を見ることができます。本書を読んで木を見にいきたくなった皆さんには、まずは植物園にいかれることをお勧めします。植物園にいけば、世界各地の木々を、あまりお金をかけずにまとめて見ることができるからです。あなたの家から最も近い植物園を探すには、植物園自然保護国際機構（Botanic Gardens Conservation International：BGCI）のウェブサイトhttps://www.bgci.org/が便利です〔訳注：BGCIのウェブサイトは英語だが、日本を含め、世界中の植物や植物園について検索することができる。日本の植物園については、日本植物園協会（http://www.syokubutsuen-kyokai.jp/）のサイトも役に立つ〕。ほとんどの植物園には熱心なスタッフと役に立つ文献が揃っています。

　本書の執筆にあたり、私は多くの学術誌や科学論文を参照しました。本書は学術書ではないので参考文献を網羅することはしませんが、樹木についてもっと知りたいという方のために、いくつか参考文献をご紹介したいと思います。リストにある本のほとんどは容易に入手できますが、図書館や古書店にいく必要があるものもあります。また、書名だけでは内容がわかりにくそうな本や、説明があると有益かもしれないと思った本については、情報を補足しました。

熱心な一般読者向けの本

Trees: Their Natural History, 2nd edition, Peter A. Thomas（Cambridge University Press, 2014）〔『樹木学』ピーター・トーマス著、熊崎実、浅川澄彦、須藤彰司訳、築地書館、2001年〕
樹木のしくみと働きについて明快に書かれている。

Between Earth and Sky, N. M. Nadkarni（University of California Press, 2008）
人間と科学を魅力的なやり方で結びつけている。

The Forest Unseen, D. G. Haskell（Penguin Books, 2013）〔『ミクロの森：1m2の原生林が語る生命・進化・地球』デヴィッド・ジョージ・ハスケル著、三木直子訳、築地書館、2013年〕
テネシー州の原生林の1m2の区画を丹念かつ詩的に観察する。

The Tree: Meaning and Myth, F. Carey（The British Museum Press, 2012）
30種の興味深い樹木を文化的な観点から取り上げている。文章もイラストも秀逸。

もっと深く

さらに学びたい方へのお勧め（もちろんあなたもそうですよね！）：

Biology of Plants（7th Edition）, P. H. Raven, R. F. Evert and S.E. Eichhorn（W. H. Freeman and Company, 2005）
植物科学の教科書の中で、私がいちばんよく読んだ本。

Mabberley's Plant-book, 4th edition, D. J. Mabberley（Cambridge University Press, 2017）
植物の学名事典。項目数は圧倒的で、マニア向け。

The Oxford Encyclopedia of Trees of the World, ed. B. Hora（Oxford University Press, 1987）

International Book of Wood（Mitchell Beazley, 1989）

The Life of a Leaf, S. Vogel（University of Chicago Press, 2012）
大人向けの本には珍しく、家庭で手軽にできる科学実験が多数紹介されている。

世界の樹木

ヨーロッパ

Arboretum, Owen Johnson (Whittet Books, 2015)
英国とアイルランドの在来種と外来種について、楽しく解説されている。

Flora Celtica, W. Milliken and S. Bridgewater (Birlinn Limited, 2013)
スコットランドの植物と人々についての本。

地中海沿岸地域

Trees and Timber in the Ancient Mediterranean World, R. Meiggs (Oxford University Press, 1982)

Plants of the Bible, M. Zohary (Cambridge University Press, 1982)

Illustrated Encyclopedia of Bible Plants, F. N. Hepper (Inter Varsity Press, 1992)

アフリカ

Travels and Life in Ashanti & Jaman, R. Austin Freeman (Archibold Constable & Co, 1898)
英国の推理小説作家オースティン・フリーマンは、若い頃、随行医として西アフリカ植民地に赴任していた。彼の正確な記述と開けた姿勢は時代の先をいくものだった。

People's Plants: A guide to useful plants of Southern Africa, B-E. van Wyk and N. Gericke (Briza Publications, 2007)

インド

Sacred Plants of India, N. Krishna and M. Amirthalingam (Penguin Books India, 2014)

Jungle Trees of Central India, P. Krishen (Penguin Books India, 2013)

東南アジア

A Dictionary of the Economic Products of the Malay Peninsula, I. H. Burkill (Crown Agents for the Colonies, 1935)
英国植民地時代のマレー半島の経済的産物に関する大著。多くの樹木とその利用法に関する記述からは、当時の大英帝国の姿も見えてくる。

Fruits of South East Asia: Facts and Folklore, J. M. Piper (Oxford University Press, 1989)

A Garden of Eden: Plant Life in South-East Asia, W. Veevers-Carter (Oxford University Press, 1986)

On the Forests of Tropical Asia, P. Ashton (Royal Botanic Gardens Kew, 2014)

北米

The Urban Tree Book, A. Plotnik (Three Rivers Press, 2000)

オセアニア

Traditional Trees of Pacific Islands: Their Culture, Environment, and Use, C. R. Elevitch (PAR, 2006)

テーマ別

生物多様性、植物と動物の関係

Sustaining Life: How human health depends on biodiversity, E. Chivian and A. Bernstein（Oxford University Press, 2008）.〔『サステイニング・ライフ：人類の健康はいかに生物多様性に頼っているか』エリック・チヴィアン、アーロン・バーンスタイン編著、小野展嗣、武藤文人監訳、東海大学出版部、2017年〕
すべての政治家と地球に関する政策の立案に携わる人々の必読書。

Leaf Defence, E. E. Farmer（Oxford University Press, 2014）

Plant-Animal Communication, H. M. Schaefer and G. D. Ruxton（Oxford University Press, 2011）

色

Nature's Palette, D. Lee（University of Chicago Press, 2007）
植物の色に関する魅力的な本。ウィットに富み、主張があり、非常に科学的。

経済植物学

Plants in Our World, B. B. Simpson and M. C. Ogorzaly, 4th edition（McGraw-Hill, 2013）
人間による植物の利用に関する極上の総論。

Plants from Roots to Riches, K. Willis and C. Fry（John Murray, 2014）〔『キューガーデンの植物誌』キャシィ・ウィリス、キャロリン・フライ著、川口健夫訳、原書房、2015年〕

林業、林学

The New Sylva, G. Hemery and S. Simblet（Bloomsbury, 2014）
英国の日記作家ジョン・イーブリンの『Sylva（森林学）』（1664年）の出版350周年を記念して制作された新しい森林学の本。

The CABI Encyclopedia of Forest Trees（CAB International, 2013）

A Manual of the Timbers of the World, A. L. Howard（Macmillan and Co., 1920）

医学

Medicinal Plants of the World, B-E. van Wyk and M. Wink（Timber Press, 2005）

Mind Altering and Poisonous Plants of the World, B-E. van Wyk and M. Wink（Timber Press, 2008）

風変わりな植物

Bizarre Plants, William A. Emboden（Cassell & Collier Macmillan Publishers Ltd., 1974）

Fantastic trees, Edwin A. Menninger（Timber Press, 1995）

The Strangest Plants in the World, S. Talalaj（Robert Hale Ltd., 1992）

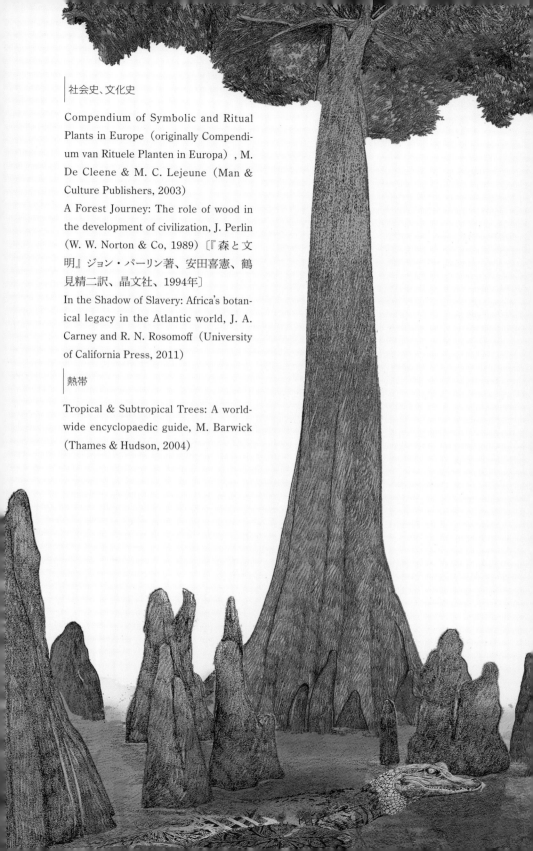

社会史、文化史

Compendium of Symbolic and Ritual Plants in Europe (originally Compendium van Rituele Planten in Europa), M. De Cleene & M. C. Lejeune (Man & Culture Publishers, 2003)

A Forest Journey: The role of wood in the development of civilization, J. Perlin (W. W. Norton & Co, 1989)〔『森と文明』ジョン・パーリン著、安田喜憲、鶴見精二訳、晶文社、1994年〕

In the Shadow of Slavery: Africa's botanical legacy in the Atlantic world, J. A. Carney and R. N. Rosomoff (University of California Press, 2011)

熱帯

Tropical & Subtropical Trees: A worldwide encyclopaedic guide, M. Barwick (Thames & Hudson, 2004)

特定の種類の樹木に関する本

個々の属や種に関する本も多い。その中から特に楽しく読めるものをご紹介する:
A Book of Baobabs, Ellen Drake（Aardvark Press, 2006）
Betel Chewing Traditions in South-East Asia, D. F. Rooney（Oxford University Press, 1993）
Black Drink: A native American tea, C. M. Hudson, ed.（University of Georgia Press, 2004）ヤウポンについてさまざまな角度から語るエッセイ。
The Story of Boxwood, C. McCarty（The Dietz Press Inc., 1950）
Devil's Milk: A social history of rubber, John Tully（Monthly Review Press, 2011）
The Tanoak Tree, F. Bowcutt（University of Washington Press, 2015）
The Fever Trail: The hunt for the cure for malaria, M. Honigsbaum（Macmillan, 2001）
Chicle: The chewing gum of the Americas from the ancient Maya to William Wrigley, J. P. Mathews and G. P. Schultz（University of Arizona Press, 2009）
Handbook of Coniferae, W. Dallimore and B. Jackson（Edward Arnold & Co., 1948）
Sagas of the Evergreens, F. H. Lamb（W. W. Norton & Co. Inc., 1938）

自由にアクセスできるウェブサイト

plantsoftheworldonline.org
キューガーデンが運営するサイトで、世界中の数万種の植物について詳細に解説されている。最初に立ち寄るのに最適。
agroforestry.org
太平洋の島々の植物に特化している。
ARKive.org
絶滅の危機に瀕している動植物に関する情報が特に豊富。写真も文章も充実している。
anpsa.org.au
オーストラリア在来植物協会（Australian Native Plants Society）のサイト。
bgci.org
植物園自然保護国際機構（Botanic Gardens Conservation International：BGCI）のサイト。GardenSearchで世界各地の植物園を探すことができる。

conifers.org
裸子植物のデータベース。針葉樹とその近縁種に関する情報が得られる。

eol.org
米国立自然史博物館が運営する生命百科事典（Encyclopedia of Life）のサイト。既知のすべての種についての項目があり、主要な特徴、生息地の地図、写真を見ることができる。

globaltrees.org
グローバル・ツリーズ・キャンペーン（Global Trees Campaign）のサイト。絶滅の危機に瀕している植物について詳しく知ることができる。

LNtreasures.com
リビング・ナショナル・トレジャーズ（Living National Treasures）のサイト。任意の国について、固有の動植物を調べることができる。

monumentaltrees.com
モニュメンタル・ツリーズ（Monumental trees）のサイト。世界の代表的な巨木について知り、その木がある場所を地図で確認することができる。

naeb.brit.org
北米先住民族植物学（Native American Ethnobotany）のサイト。北米先住民がさまざまな用途に使ってきた植物のデータベース。やや使い勝手が悪いが、そこを我慢して検索する価値はある。

nativetreesociety.org
在来樹協会（Native Trees Society）のサイト。ほとんどが北米の樹木だが、多くの文化的考察が展開されている。

onezoom.org
生命の木の全体像と種の間の関係を描写する魔法のような図。操作は容易で、何時間でも楽しめる。

plants.usda.gov
米国農務省天然資源保全局の植物データベース。アメリカの固有種や在来種の多くについて、特徴や分布を知ることができる。

sciencedaily.com
最新の科学研究についてわかりやすく報告するサイト。コンテンツはよくまとめてあり、植物の話も豊富。

TreesAndShrubsOnline. org
国際樹木学会（International Dendrology Society）が運営するサイトで、温帯の植物について詳しく解説されている。

wood-database.com
材木に関する情報が得られるデータベース。

索引

あ
啞甘藷　8
アウトリガーカヌー　167
青い樹液　158
アオイ科　34, 80, 85, 86, 140
アオギリ科　85
アカテツ科　45, 144, 158, 189
アカネ科　174
赤の染料　182
アグーチ　181
油、オリーブ　78
アフリカバオバブ　86, 86
アボカド　184
アポロン　65, 71
アムルー　45
アメリカザンショウ　127
アメリカスズカケノキ　12
アメリカツガ　204
　　　菌類　25
アメリカヒルギ　218
アメリカヤマナラシ　211
アリゲーター・ペア　185
アリストテレス、異聞集　33
アルカロイド、ビンロウジ　118
アルガンオイル　45
アルガンノキ　45
アンフォラ、コルク　40

い
イエローシダー　14
筏、バルサ　178
イタリアイトスギ　71
イチゴノキ　17
イチジク　66
イトスギ　71
イリドソーム　157
インドゴム　136
インドセンダン　120

インドボダイジュ　122

う
ヴァイオリン、オウシュウトウヒ
　55
ヴァイオリンの弓、ブラジルボク
　183
ウィーピング・ウィロウ　28
ウィスリング・ソーン　34, 95
ウェスタン・ヘムロック　204
ウェディングケーキ、マルメロ
　62
ウェルギリウス、牧歌　37
ウォレマイ・パイン　152
　　　枝　75
失われた時を求めて　34
ウネド　17
ウパス　142
海のココヤシ　104
ウルシ　131
ウルシオール　131
ウルシ科　114, 131
漆工芸　131

え
永遠の木　216
永久凍土、カラマツ　113

お
オイルランプの燃料　78
黄金のリンゴ　62
オウシュウシラカバ　20
オウシュウトウヒ　55
オーク突然死病　203
オオミヤシ　104
オールド・ティッコ　55
オリーブ　78
　　　の枝　78

か
カイコ　128
街路樹、ジャカランダ　172

セイヨウシナノキ　34
モミジバスズカケノキ　12
ユソウボク　199
カウリゴム　161
カウリマツ　160
果実、アボカド　184
アルガンノキ　45
イチゴノキ　17
イチジク　66
ウィスリング・ソーン　95
ウパス　142
ウルシ　131
オリーブ　78
カシュー　114
ザクロ　107
サポジラ　189
タビビトノキ　92
ドリアン　140
ナツメヤシ　72
ナナカマド　18
破裂　190
パンノキ　194
ビンロウジ　118
ブラジルナッツノキ　181
ブルー・クァンドン　157
ホホバ　208
マルメロ　62
マロニエ　38
モパネ　89
モミジバススカケノキ　13
リンゴ　108
カジノキ　165
カシュー　114
カシューアップル　114
花椒　127
カトラン　75
花囊、イチジク　66
カバノキ科　20, 59
カプー　167
カフェイン、コラノキ　85
　　　ヤウポン　215
カプリ系　66
カポック　80

雷をはね返す、ブナ　37
火薬、ハンノキ　60
カラマツ　112
革をなめす、タンオーク　203
カンラン科　98

き
キクイムシ　24
　　　コントルタマツ　200
気孔　207
気根　117
　　　インドボダイジュ　122
キジカクシ科　103
キナ　174
キナ皮　174
キニーネ　174
絹織物　128
キュパリッソス　71
強心配糖体、ウパス　142
響板、オウシュウトウヒ　55
ギルガメシュ叙事詩　75

く
クインス　62
臭い木　222
クスノキ科　65, 184
駆虫効果、インドセンダン
　120
グッタペルカ　144
クリストファー・レイランド　14
クリスマスツリー　55
クリの森　50
クルミ科　212
クログルミ　212
クロシロエリマキキツネザル
　92
クロミグワ　128
クワ科　66, 117, 122, 128, 142,
　165, 194

け
消しゴム　136
月桂冠　65
ゲッケイジュ　65
ゲットー　60
下痢、ザクロ　107
竪琴、ツゲ　33

こ
コア　166
ゴア　114
光合成　207
香の道　98
紅葉、カエデ　227
広葉樹、ニワウルシ　222
コーラ　85
コーラン、ザクロ　107
コカイン　85

ゴクラクチョウカ科　92
コトカケヤナギ　28
コブ、ウィスリング・ゾーン　95
ゴムノキ　136
ゴムラッシュ　137
コラノキ　85
コルク　40
コルクガシ　40
ゴルフボール、グッタペルカ
　144
コワン　62
コンカーズ、マロニエ　38
コントルタマツ　200

さ
催淫作用、オオミヤシ　104
サイコニアム　66
サガリバナ科　181
サクラ　134
ザクロ　107
雑種強勢　12
サトウカエデ　10, 227
サポジラ　189
サリチル酸　29
サンショオール　127
サンダル、コルク　40

し
四川風コショウ　127
シダレヤナギ　28
膝根　216
シドニア　62
シナノキ属　34
シベリアカラマツ　112
絞め殺しの木　117
シモツケ属　28
シモンジア科　208
ジャカランダ　172
ジャラ　148
雌雄異株　104
銃床、クログルミ　212
ジュグロン、クログルミ　212
樹脂、カウリマツ　160
ジュラシック・ツリー　152
蒸散　207
蒸留酒、アグアルデンテ・デ・
　メドローニョ　17
　　　フェニー　114
常緑樹、アボカド　184
　　　イチゴノキ　17
　　　カシュー　114
　　　ゲッケイジュ　65
　　　コラノキ　85
　　　コルクガシ　40
　　　サポジラ　189
　　　タンオーク　203

チリマツ　170
ツゲ　34
ブルー・クァンドン　157
ホホバ　208
ヤウポン　215
インドセンダン　120
シラカバ　20
シルクコットン・ツリー　80
シロガスリソウ　8
シンジュ　222
針葉樹、アメリカツガ　204
　　　ウォレマイ・パイン　152
　　　オウシュウトウヒ　55
　　　カラマツ　112
　　　コントルタマツ　200
　　　ストローブマツ　224
　　　チリマツ　170

す
穂状花序　50
スーダンコーヒー　85
スオウ　182
スギ　75
スズカケノキ科　12
ストラディバリ、オウシュウトウヒ
　56
ストリキニーネ　85
ストローブマツ　224
スナバノキ　190
スミルナ系　66

せ
生命の木　199
セイヨウシナノキ　34
セイヨウシロヤナギ　28
セイヨウツゲ　33
　　　重い　90
セイヨウトチノキ　38
セイヨウナナカマド　18
セイヨウヒイラギガシ　48
セーヴ・ブルー　158
セコイア　207
繊維、カジノキ　165
先駆植物、シラカバ　20
センダン科　120
戦闘機、モスキート　178

そ
即身仏、ウルシ　132
ソメイヨシノ　134
空飛ぶナナカマド　18
ソロモン神殿　75

た
タール　20
大英帝国の象徴　12
タイガ、カラマツ　112
胎生種子　218

237

ダウリアカラマツ 112
タビビトノキ 92
タンオーク 203
タンニン、アメリカツガ 204
　　アメリカヒルギ 218
　　クログルミ 212
　　タンオーク 203
ち
知恵の木 111
チクル 189
チクルガム 189
チクレロ 189
茶、シナノキ 34
　　ヤウポン 215
着生植物 117
チューインガム、オウシュウシラ
　　カバ 20
　　乳香 98
チューインガムノキ 189
チリマツ 170
鎮痛解熱効果、ヤナギ 29
つ
ツゲ科 33
ツツジ科 17
て
デーツ 72
天山山脈、リンゴ 108
電信ケーブル、グッタペルカ
　　144
と
銅、イトスギ 71
トウグワ 128
トウザンショウ 127
島嶼巨大化 105
トウダイグサ科 136, 190
トーンウッド、オウシュウトウヒ
　　55
トキワガシ 48, 78
ドクニンジン、ソクラテス 204
毒矢、ウパス 142
トチノキ科 38
トニックウォーター、キニーネ
　　175
トピアリー 33
ドリアン 140
取り木 55
奴隷貿易 85
どんぐり、コルクガシ 41
　　タンオーク 203
　　トキワガシ 48
な
ナシ状果 18
ナツメヤシ 72
ナナカマド 65

なり年 48
縄、セイヨウシナノキ 34
ナンヨウスギ科 152, 160, 170
に
ニーム 120
ニガキ科 222
西のドクニンジン 204
ニス、カウリマツ 160
ニッケル、セーヴ・ブルー
　　158
乳香 98
ニレ 24
ニレ立ち枯れ病 24
ニワウルシ 222
ぬ
ヌマスギ 216
ね
根萌芽 211
　　ニワウルシ 223
の
ノウゼンカズラ科 172
は
ハーブティー、セイヨウシナノキ
　　34
バーン 118
梅毒の治療薬、ユソウボク
　　199
ハイペリオン 207
パウ・ブラジル 182
ハチミツ、イチゴノキ 17, 50
　　クリ 50
　　シナノキ 34
　　ジャラ 148
ハドリアヌス 75
花見 134
ハマビシ科 199
ハモン・イベリコ 48
バラ科 18, 62, 108, 134
パラゴムノキ 136
バルサ 178
バンド 211
ハンノキ 59
パンノキ 194
パンヤ科 80, 178
パンヤノキ 80
バンヤン 117
バンヤンジュ 117
ひ
尾状花序 20
ピニョネス 170
ヒノキ科 14, 71, 207, 216
ヒメコラノキ 85
皮目 12
ヒルギ科 218

ビンロウ 118
ふ
ファイトレメディエーション 158
ファラオの墓 75
フェニキア人 75
笛を吹くイバラ 95
フォードランディア 137
フタゴヤシ 104
ブッダ、インドボダイジュ 122
フトモモ科 148
ブナ科 37, 40, 48, 50, 203
ブナの森 37
プライバシーとレイランドヒノキ
　　14
ブラジルウッド 182
ブラジルナッツノキ 181
ブラジルボク 182
ブラックマングローブ 218
ブルー・クァンドン 157
プレンタ 50
プロペラ、クログルミ 212
フンババ 75
へ
ベアリング、ユソウボク 199
ベウエン 170
ペグ・ルート 160
ベニイロリュウケツジュ 103
ベニテングタケ 20
ペルシャグルミ 212
ペルナンブコ 183
ベンガルボダイジュ 117
ほ
ボーボリ庭園 71
ボスウェリア・サクラ 98
舗装、ジャラ 148
保存料、セイヨウナナカマド
　　18
ボダイジュ 117, 122
ホホバ 208
ホホバオイル 208
ホリゾンタリス 71
ホルトノキ科 157
ホルムオーク 48
ホワイトマングローブ 219
本、ブナ 37
ま
マサダ城址 72
魔女の箒 20
マスト、ストローブマツ 224
マツ 152
マツ科 55, 75, 112, 200, 204,
　　224
マッキントッシュクロス 136
マドローニョ 17

238

マメ科　89, 95, 166, 182
繭、カイコ　128
魔除け、オウシュウシラカバ
　　21
マラリアの特効薬　174
マルス・シエヴェルシイ　108
マルメロ　62
マロニエ　38
マングローブ　218
み
ミカン科　127
ミソハギ科　107
む
ムクロジ科　227
め
メープルシロップ　227
も
モクセイ科　78
木版、ツゲ　33
モチノキ科　215
没薬　98
モパネ　89
モパネワーム　89
モミジバスズカケノキ　12
モンキー・パズル　171
モンタード、コルク　41
モントレーイトスギ　14
や
ヤウポン　215
ヤギ、アルガンノキ　45
　　イチジク　66
ヤシ科　72, 104, 118
矢毒、スナバコノキ　190
ヤナギ、湿地　28
ヤナギ科　28, 211
ヤマナラシ　211
ゆ
ユソウボク　199
よ
養蚕　128
ヨーロッパグリ　50
ヨーロッパニレ　24
ヨーロッパハンノキ　59
ヨーロッパブナ　37
ら
ラクウショウ　216
落葉樹、ウパス　142
　　カエデ　227
　　クリ　50
　　サクラ　134
　　ニレ　24
ラテックス　136
り
リアルト橋　59

リノリウム、カウリゴム　161
竜血　103
リンゴ、シルクロード　108
　　　祖先　108
る
ルーン文字、ブナ　37
れ
レイシ、イチゴノキ　17
レイランドヒノキ　14
レッドマングローブ　218, 218
レバノンスギ　75
ろ
ローレル　65
ロッジポール・パイン　200
ロンドンの日傘　13
わ
ワア・ペレルー　167
ワニナシ　185

239

著者紹介｜ジョナサン・ドローリ（Jonathan Drori）
エデン・プロジェクト評議員、世界自然保護基金（WWF）アンバサダー。過去
には9年にわたりキューガーデンとウッドランド・トラストの評議員を務めた。ロ
ンドン・リンネ協会およびロンドン動物学会フェロー。元BBCドキュメンタリー
番組制作者。2006年にCBE（大英帝国3等勲爵士）受勲。

挿画画家紹介｜ルシール・クレール（Lucille Clerc）
フランス人イラストレーター。パリとロンドンで美術を学んだ後、世界的な高
級服飾店、博物館、ヒストリック・ロイヤル・パレシズと仕事をしてきた。作品
はドローイングとシルクスクリーンを用いて生み出され、ロンドンや、自然と都
市との関係からインスピレーションを得たものが多い。

訳者紹介｜三枝小夜子（みえださよこ）
東京大学理学部物理学科卒業。翻訳家。『植物たちの救世主』（柏書房、
2017年）、『がん免疫療法の誕生　科学者25人の物語』（メディカル・サイエ
ンス・インターナショナル、2018年）など訳書多数。

世界の樹木をめぐる80の物語

2019 年 12 月 1 日　第 1 刷発行

著者　ジョナサン・ドローリ

挿画　ルシール・クレール

翻訳　三枝小夜子

発行者　富澤凡子

発行所　柏書房株式会社
東京都文京区本郷 2-15-13 （〒113−0033）
電話　（03）3830-1891 ［営業］
　　　（03）3830-1894 ［編集］

装丁　柳川貴代

DTP　有限会社一企画

印刷・製本　中央精版印刷株式会社

Ⓒ Sayoko Mieda 2019, Printed in Japan
ISBN978-4-7601-5190-5　C0040